探索发现
百科全书

超侠/主编

马万霞 黄春凯/编

揭秘极地奇迹

U0386000

黑龙江科学技术出版社
HEILONGJIANG SCIENCE AND TECHNOLOGY PRESS

图书在版编目（ＣＩＰ）数据

揭秘极地奇迹 / 马万霞, 黄春凯编 . –– 哈尔滨：
黑龙江科学技术出版社, 2022.10
（探索发现百科全书 / 超侠主编）
ISBN 978-7-5719-1566-7

Ⅰ.①揭… Ⅱ.①马… ②黄… Ⅲ.①极地 – 普及读
物 Ⅳ.① P941.6-49

中国版本图书馆 CIP 数据核字 (2022) 第 151572 号

探索发现百科全书 揭秘极地奇迹
TANSUO FAXIAN BAIKE QUANSHU JIEMI JIDI QIJI
超 侠 主编 马万霞 黄春凯 编

项目总监	薛方闻	
策划编辑	回 博	
责任编辑	宋秋颖	
封面设计	郝 旭	
出 版	黑龙江科学技术出版社	
	地址：哈尔滨市南岗区公安街 70-2 号 邮编：150007	
	电话：（0451）53642106 传真：（0451）53642143	
	网址：www.lkcbs.cn	
发 行	全国新华书店	
印 刷	哈尔滨市石桥印务有限公司	
开 本	720 mm × 1000 mm 1/16	
印 张	10	
字 数	150 千字	
版 次	2022 年 10 月第 1 版	
印 次	2022 年 10 月第 1 次印刷	
书 号	ISBN 978-7-5719-1566-7	
定 价	39.80 元	

前　言

　　地球展现了造物主的造化之功，在我们人类出现之前早已准备了一个五彩缤纷的世界：青山绿水、蓝天白云、大漠黄沙，乃至各色的花朵，但唯独在两极地区留了"白"。这是造物主的疏忽吗？当然不是！两极是造物主留给我们最后的悬念，是藏在世界尽头的、蕴含丰富的宝藏之地。

　　人类终究不负众望，发现并不断征服极地，显示出伟大的力量。但在人类的"征服"过程中，这两处宝藏之地却陷入困境：臭氧层空洞日益扩大，越来越多的紫外线直射地球表面，损害着人类和动物的健康；温室效应引发全球气候变暖，海平面升高，各种极端气候以及气象灾害层出不穷。工业的发达，令全球多地笼罩在雾霾及酸雨的"恐吓"之下，生态平衡破坏、物种灭绝、淡水危机……一切都在警示着人类：两极乃至全球都在承受着环境污染之痛。

　　人类在取得上天入地的成就时，环境问题却如影随形。人类已陷入"四面楚歌"之中，必须从即刻开始行动：保护极地就是保护地球，也是保护人类自己。

目 录

Contents

第一章　世界的尽头

　　地球广袤无边，但终有尽头——那是地球的两极，一个冰雪的世界。那里冰河茫茫，渺无人烟。风雪肆虐之时，天地之间，惟余莽莽。

　　时间寂静无涯，但终有开端——极地有其独特的"成长史"。在时间的流逝中，极地也曾经历过"大转变"才形成如今的面貌。尽头也是开始。让我们走进那片白色"禁区"，领略天地之大、万物殊奇。

▍茫茫冰雪世界

从白色大洋到白色大陆

白色的尽头

　　这是一本以展示"两极"地区"环保"危机与"环保"拯救为主题的小书。但在进入那片"白色"之前，我们要站在更"高远"的地方审视一下两极地区。

　　我们先要明白一点：宇宙之大，无谓"西""东"——宇宙是不需要方向的，只有人类需要方向。所以，我们制作出有"方向性"的地球仪，"向上"代表着"向北"；"向下"则代表着"向南"。我们从地球上的任意一点出发，无论沿着"正北"还是"正南"，终将到达世界的尽头——北极或南极。那是一片洁白的冰天雪地。

北极和南极统称"极地"或"两极"。它们占据着地球的两端，皑皑白雪、茫茫冰川，形象鲜明，自成一派。极地范围很大，以两个"极圈"为界，从北纬66°34′到北纬90°之间的疆域为北极"所有"；而另一端的南纬66°34′至南纬90°之间则是南极的"地盘"。

这里有着与地球的其他区域迥然不同的景象，天寒地冻，人烟稀少。这并不难理解，两极地区远离太阳辐射强烈的赤道地带，能接收到的太阳辐射少之又少。而这"难得"的光照到镜面般的冰面上，又会被它们"毫不留情"地反射出一大部分；当被反射的热量遇到稀薄的大气，简直如入"无人之境"，开启了加速"逃逸"的过程。这些因素加起来，使得极地地区毫无"温暖"可言。

极地冰反射来自太阳的光线。当这些冰开始融化时，反射到太空中的阳光就会减少。阳光被海洋和陆地吸收，提高了整体温度，并推动了进一步的融化

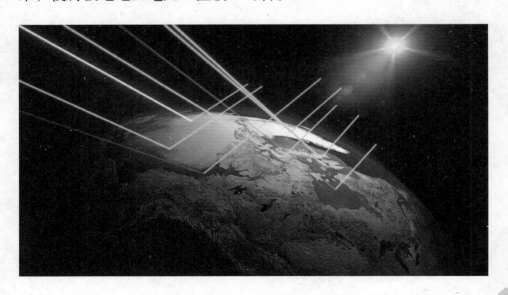

地球有话说

　　如果你能在极地冰川中获取一段长长的冰芯的话，你会看到我在极地所有的秘密，包括几十万年前的冰雪、气泡，我所经历的一切"舒适"与"痛苦"。不过你先不要为数十万年不化的冰芯感到吃惊，其中从远古到近代的环境变化才触目惊心呢。我只能说最初的寒冷让我感觉很舒服。

　　"冰天雪地"与"寒冷"是两极共同的主题，但它们的共性却不止于此：从大小上来说，这两块隔着十万八千里的区域，竟然有着几乎相等的面积，南极洲的面积为1405.1万平方千米，而北冰洋的面积约为1310万平方千米。是巧合，还是另有"玄机"呢？我们不得而知。

　　虽然面积相差无几，但地形却大不相同，南极以大陆为主，北极则以海洋为主，细究起原因来，要追溯到很久以前。

■ 地球南极和北极的卫星图片

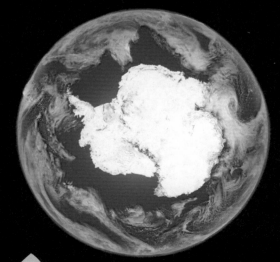
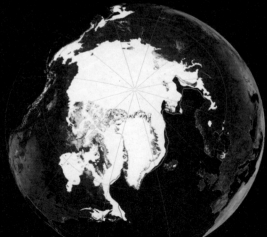

南极初荣

　　3亿年前，地球只有孤零零的一块大陆，叫作泛大陆。泛大陆以外的地方则是汪洋一片，包括如今的两极地区也是一片"水世界"。但躁动的地球时刻都在显示自己的"力量"，终于使泛大陆分崩离析，分裂为南北两块大陆，北边的叫劳亚古陆，南边的叫冈瓦纳古陆。随后，两块大陆各自飘零，又不断分裂，终于形成今日的模样：北极地区形成以北冰洋为中心，四面被欧亚大陆、北美大陆和格陵兰岛所环绕的格局；而南面的大陆则在分裂后一路向南，直达地球的最南端，便是如今的南极大陆。

　　而那时候的南极大陆上并没有冰川的影子。全球高温下，南极是一片独具特色的地域，全年气候温暖，但又四季分明。春夏之际，太阳初升，南极处于"永昼"之下，针叶林、蕨类植物生机勃勃，到处都是枝繁叶茂、物种喧嚣之态；秋冬时节，太阳渐渐落下，阳光隐匿于地平线之下，寒冷的冬季把一切冰封起来——包括那些远古昆虫。

　　当第一缕阳光射入森林时，一切生物都"活泛"起来。雨雾朦胧中，红杉、苏铁、树

劳亚古陆

冈瓦纳古陆

　　■ 冈瓦纳古陆包括南美洲、非洲、印巴次大陆、南极洲和大洋洲，劳亚古陆包括欧亚大陆和北美洲

蕨、青苔全都"苏醒"了，奋力生长。在远古"生机"的前头，则堆叠着倒塌的高大乔木，宣告着某些生命历程的终结。繁荣与活力，倒塌与枯败，并行不悖。

可好景不长，外部环境开始发生变化，"孤立无援"的南极大陆最先受到冰冷海水的侵袭，气温逐渐降低。南极大陆上奏起了"冰与雪之歌"。经过千百万年的积淀，厚重的南极冰盖形成了，整个南极大陆成了绝望的冰雪禁地。

当然，酷寒的冰雪之爪没有忘记北极地区。来自北大

环保小贴士

气候与污染

谈到环境污染时，也别忘了气候的因素。温暖的气候有助于光化学污染的形成，也会促进污染物的大范围输送。此外，气候还会影响降水，降水能把空中的污染物带到地面上，影响生物。反过来说，污染严重时，气候也会受到影响而发生改变。这是一个相互的过程。

在距今 1.42 亿年至 6550 万年的中生代白垩纪时期，南北极非常温暖，是一片温暖的沼泽雨林，植被茂盛，郁郁葱葱，年平均温度在14℃

7

■ 研究发现，古代气候变暖使南极洲变绿

西洋的暖湿气流源源不断地流向北极地区，但那里太冷了，"雨水"化作"雪花"，飘飞不绝，海面开始降温、结冰，直到形成厚实的冰块。北极的"冰帽子"也制成了。到第四纪冰期旺盛时，北极地区的冰已经侵袭到整个格陵兰岛乃至北美大陆的部分地区。

当相对温暖的时期到来后，北半球冰川后退，南极和北极地区最终形成了如今的样貌。

生态危机来临

　　如今的南极处于冰封的寂静之中，人们似乎很难将这种沉寂与喧嚣的恐龙家族联系起来。但远古恐龙化石的"现身"，却提醒着世人那段南极与恐龙间的神秘过往。

　　1842 年，"恐龙"一词被创造出来。此后，这种神秘的远古巨兽便成了引人注目的焦点。世界各大洲都发现了恐龙化石基地，只剩南极洲处于"空白"状态。1986 年，孜孜不倦的科学家终于在南极洲有了重大发现，出土了南极甲龙化石。接着，好消息不断传来，那里发现了更多的恐龙化石，植食性恐龙、肉食性恐龙，什么都不缺。

　　大约 2.5 亿年前（早三叠纪），恐龙和鳄鱼的一个早期亲属生活在现在的冰冻大陆南极洲

　　这个重大发现既让古生物学家感到兴奋，又让地质学家感到欣慰，因为这是板块漂移学说的另一个有力印证。因为恐龙是不善于游水的，也不会飞，更别提跨洋越海了。它们是随着板块渐渐漂移到"南极"的。

　　不过到了南极就得适应南极的环境，特别是四季的变化。如何"过冬"是所有恐龙家族都要"考虑"的问题。它们通常有两种选择：一种是涉浅水向北迁徙到澳大利亚海岸，躲避寒冬，并寻找新的树林。另一种是"土著"恐龙选择在黑暗中"破冰"觅食。休息时，它们会把身体缩成团，整个家族聚拢在一起，以团结抵御寒冷。

　　不过到了后来，"严冬"似乎越发漫长，生存困境突显。环境大变革的"威力"开始显现：天气渐冷，植物少了，植食性恐龙成批地倒下。肉食性恐龙之间开始了争夺"猎物"的大厮杀。天气越来越冷，恐龙们放屁排出的令气温升高的"温室气体"对于气候的回暖可以说是"杯水车薪"，无济于事。一场莫名其妙的大灾难席卷全球，小行星撞击地球，地球环境变得糟糕透顶：到处弥漫着毒云，几乎所有的动物都被呛死。——这种灭绝一切的环境危机实在令人心惊胆战。南极与"恐龙"的故事也就此结束。

　　一位艺术家描绘了大约 7000 万年前在南大洋水域游泳的蛇颈龙母子

地球有话说

据有些科学家的研究考证，南极恐龙的灭亡要早于其他地方。原因是当地气候最先发生巨变，气温下降，冻死了成片的森林。这引发了当地的生态危机：植食性恐龙最先倒下，肉食性恐龙紧随其后——南极"食物链"彻底消失。

寒冷的较量

北极与南极是地球"寒族势力"的两员"先锋"，在争夺"寒极"头衔的较量中难分伯仲。

过去，人们对南极了解不多，便把北极圈附近的维尔霍扬斯克（隶属俄罗斯西伯利亚地区）当作地球的寒极，因为那里的最低温度可达–66℃。这在当时看来，已经是一种无法想象的极寒。

俄罗斯的奥伊米亚康是一个靠近北极圈的小村庄，号称北半球"寒极"，冬季平均温度低至–50℃，极端低温纪录可达–71℃

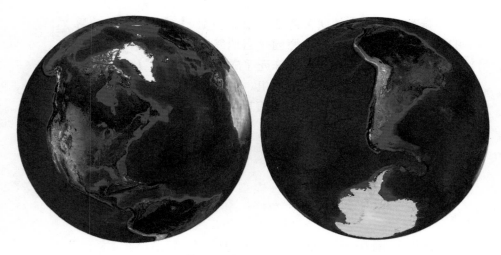

格陵兰岛和南极的冰盖

可当人们有能力深入北极腹地时，却发现了一些"怪事"。北纬 80° 附近海湾地区的夏日光景，竟然展现出一派生机，积雪全无，繁花似锦。这实在不符合北极的"冷傲"形象。

"谜团"很快被南方传来的"消息"解开。原来南极才是真正的"寒极"所在，那里的积雪即使在夏天也不会融化，而最低气温竟然突破了-90℃大关。"寒极"殊荣，实至名归。

说起来，南极的"怪异"之处也有别的因素在暗中发挥作用。

首先是地貌上的原因。南极大陆上累世堆积的冰盖，总能轻易地将阳光"挥霍一空"，全数反射出去；而北冰洋泛滥的海水却是"蓄热"高手。另外，南极的平均海拔超过 2300 米，这样的高海拔令北极望尘莫及。而在地理学上，海拔越高，温度就越低，这在无形中又一次"拉低"了南极的温度。隆冬时节，遍布南极四周的高大海冰会将

地球有话说

凡事都有两面性。全球变暖给低纬度地区"加热"的同时也给南极带来"福音"：气温升高致使南极荒芜的白色沙漠之中出现了"绿意"——它们是由绿藻大爆发形成的奇观——如果这也叫"奇观"的话。这实在令人忧心忡忡。

附近海域传递来的热量全部阻挡在南极大陆之外，令南极大陆少了一项热量"外援"。不过这些热量还是有一部分能穿越层层阻碍，到达南极大陆沿岸地区，给那里带来一丝暖湿海流的补充。

在南极的上空，同样寒冷无比，这里的空气水分含量极低，所以南极一整年也见不到多少降水。缺少降水，南极大陆就是一片酷寒的"白色沙漠"。

就这样，在各种因素叠加之下，南极的"寒极"地位便再也无法撼动了。

▋ 南极−70℃，可以把一碗热气腾腾的面瞬间冻成冰棍

护目镜

口罩

防寒手套

绚丽两极

冰与雪携手共进，为两极地区打造出一派"冰封大地、雪沃千里"的景象。但"细心"的造物主早在"白茫茫"之下暗藏了一个色彩缤纷的大千世界。

▮ 比极光还短暂的，是北极的夏天。北极熊漫步于花丛中

冬季的北极固然是冰雪肆虐的不毛之地，但只要熬过寒冬的荒凉，北极就会立即展现它绿意盎然的一面。短促的盛夏是生命大爆发的时节。广袤的苔原上星罗棋布的湖泊和沼泽，在阳光的照耀下泛着金光，绿草红花交错夹杂，昆虫和小鸟相映成趣，生机无限。这是冰天雪地中的"绿洲"，绚丽而难得。或许，正是这一时的缤纷激励着当地居民挨过半年的凛冽和单调。

与北极不同，南极没有常住居民，也没有如此令人快

▮ 夏季让生活在北极极寒之地的因纽特孩子可以聚在一起玩耍

意的缤纷，但这里的雪原之下同样暗藏斑驳。它们是被冰雪"忽略"了的块块岩地，低洼处聚集着淡蓝的湖水；岩石表面在苔藓和地衣的装饰下，形成鲜明的褐色。从上空望去，真如一块块"绿洲"一般，因此，它们也被叫作"南极绿洲"。

南极古老的苔藓

时至今日，人们已在南极大陆沿海地区发现了数十块大大小小的"南极绿洲"，如施尔马赫绿洲、班戈绿洲、麦克默多绿洲等等。

"绿洲"绝少不了湖泊的点缀。施尔马赫绿洲坐落在南极大陆北部的毛德皇后地上，上百个淡水湖泊星星点点地镶嵌在这片无冰地带，如同一连串的蓝宝石一般闪烁着耀眼的光芒。夏季，解冻的湖泊焕发生机，阳光、藻类、苔藓构成了一个缤纷的生态"小

环保小·贴士

生态堡垒——绿洲

地球上的每一块绿洲都是珍贵无比的，它们是苍凉荒漠中的生态堡垒。再小的绿洲也是一个独立于干旱的特殊生态环境系统。它们具有持久的生命力，不断地影响和改善着周围大环境的气候。它们与干旱对抗，目标是建立一个相对阴凉、湿润的生态环境。

施尔马赫绿洲星罗棋布的天然淡水湖泊

王国"，展示着大自然的绮丽多姿。这些淡水湖也为极地科考人员解决了用水需求，因此，有绿洲的地方通常是极地科考站的首选，比如俄罗斯的新拉扎列夫站就位于此地。

是什么力量使得冰天雪地中现出绿洲的"身影"呢？科学家给出的解释很多，最主要的是火山活动、极圈附近相对富足的太阳辐射以及裸露的褐色岩石聚集等几个原因促成了这些奇迹。

不管怎样，这些独具特色的"绿洲"是白色世界中的明珠，给极地科考人员带来了缤纷的憧憬，也昭示着生命的不屈伟力。而这些珍稀的"绿洲"通常是各国科考人员花大力气保护的生态"重地"。

位于阿斯特里德公主海岸的施尔马赫绿洲，有俄罗斯的科学考察站新拉扎列夫站

古老的蓝色

在冰与雪的舞台上，冰是一大主角。当冰连成一体，掩盖大地的时候，就形成了冰盖，或大陆冰川。

南极和北极的格陵兰岛是冰川的胜地，那里随处可见如山岳般高耸的巨大冰川，海拔超过数千米，面积则以百万甚至千万平方千米来计算。但当你凝望那巨大的冰川时，会发现它们有着天空一般的高远和神秘，同时闪耀着蓝色的光辉。

这要追溯到远古时期，也就是冰川开始孕育的时候。要知道，冰川的冰从诞生之日起就不同凡响，它们的形成不是从水到冰，

▌南极冰山林立

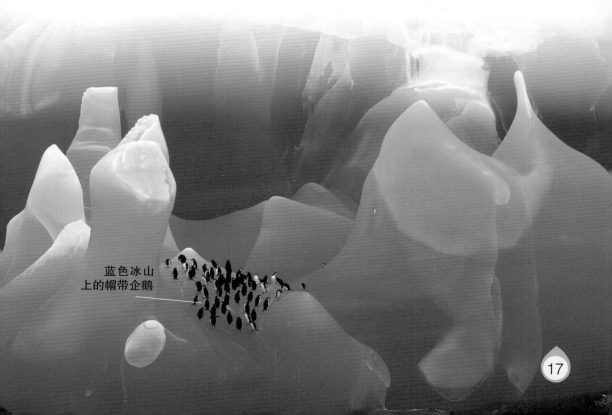

蓝色冰山上的帽带企鹅

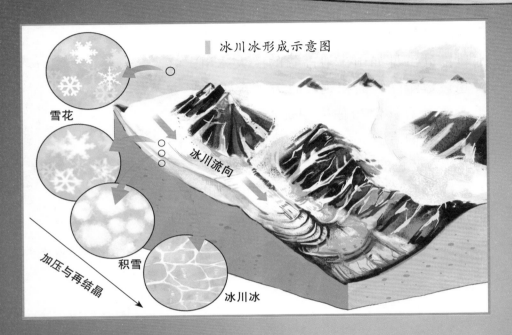

冰川冰形成示意图

雪花

冰川流向

加压与再结晶

积雪

冰川冰

　　而是从雪到冰。这也就是说，南极的冰川，是由一层层的雪经过不断堆积、挤压而形成的。每一粒结成冰的雪都经过万年的历练，是当之无愧的"万年冰"。

　　雪花被挤压，也是排出空气的过程，但总有些空气会"滞留"下来，保存在未来的冰川中，它们以小气泡的形式存在。那时候，它们还没有"施展魔法"，冰也保持着洁白。但随着冰川的逐层累积、扩展，气泡越积越多。气泡天生的那种"散射阳光"的本性逐渐被激发出来，短波的蓝、紫光被散发殆尽。于是，当你凝望冰山时，那种赏心悦目的蓝色即刻就变得澄明起来。

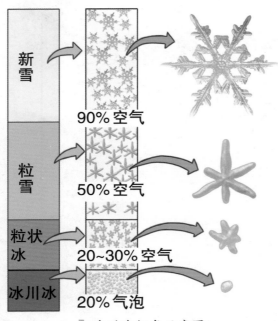

新雪

90%空气

粒雪

50%空气

粒状冰

20~30%空气

冰川冰

20%气泡

▌冰川冰组成示意图

雪累积成冰，不仅"滞留"了空气，也"积蓄"了尘埃；少量的尘埃不会影响雪的洁白。但到夏季时，情况则有所变化，一部分冰雪开始消融。此时，尘埃会现出"本色"，消融层面则变得肮脏。到了冬季，消融层面重新结冻成冰，又被白雪覆盖。等到新一年的夏季到来时，这些冰已成为"陈年冰"，不会轻易消融，但那一层乌黑的消融痕迹却保留下来，给雪白的冰川增添一道"黑线"。年复一年，"黑线"越积越多，整个冰川也会显现出黑白相间的面貌。

古老的蓝色下隐藏着同样古老的"黑条纹"，它们如同树木的年轮一般，记录着冰川年深日久的"沧桑"（这种"沧桑"也暗示了环境的变化）。不过并不是每一片冰川都能看到"黑条纹"，要是某一年的降雪稀少或空气清洁度较高，那么"黑条纹"就来不及形成或根本显现不出来。

冰川消融，实在不妙！没有了冰川，将有更多的海水成为地球的"蓄热"势力。为了让冰川消融得慢一些，科学家竟然想出了给冰川"盖被子"的妙招，这样不仅能使更多的冰川保留下来，还能减缓全球变暖的趋势。

地球有话说

"致命"幻影

　　在银装素裹的世界中，没有比极光更炫人眼目的风景了。寂静的夜空中，一道道缥缈的彩色光带不期而至。倏忽间，一场绚丽壮观的"极光秀"便自顾自地上演了："翩若惊鸿，婉若游龙"，飘忽摇曳，五色交辉，令人如痴如醉。当此时机，那些在极寒的永夜以及枯燥中工作的极地科考人员便会得到莫大的欢乐和快慰。

　　现代人醉心于极光的炫目，但古人的内心则被恐惧支配着。他们无法解释飘忽不定的极光，只得将它们奉若神明。西方人叫它"欧若拉"，视其为曙光女神的"代言人"，而中国人则将极光看作钟山之神烛龙的

　　█ 绚丽的极光被视为自然界中最漂亮的奇观之一

21

"幻像"。

实际上，极光并不神秘，它是太阳、地球联袂"导演"的一场高能宇宙大戏。极光的源头是与我们若即若离的太阳，它向外散发带电粒子流，也就是太阳风。太阳风急速"驶向"地球，这是对地球通信系统的持续攻击。好在地球外部的磁层时刻都处于"戒备"状态，将太阳风反射回太空。但当太阳风攻势猛烈时，总有一部分带电粒子流"浑水摸鱼"，潜入地球两极地区（极地是地球开向太空的窗户）。太阳风一旦进入大气层，立即与大气层中的氧、氮等元素发生"遭遇战"，由此激发出强烈的能量。这些能量在我们看来，就是绿、红、紫等绮丽的光芒。

极光给孤寂的两极地区带来灿烂，但也给人类惹来麻烦。1989年，加拿大魁北克市就发生过一次离奇的停电事故，"罪魁祸首"就是远在天边的极光。

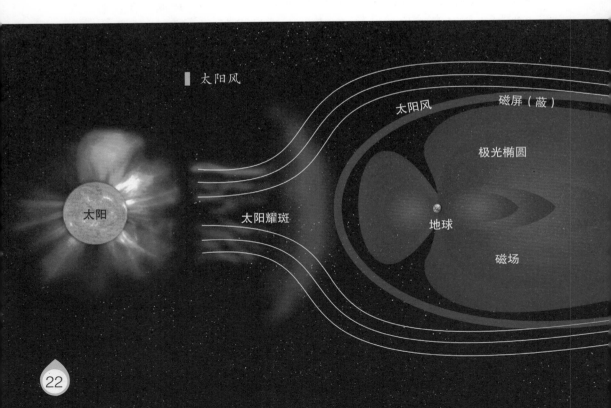

太阳风

太阳

太阳风

太阳耀斑

磁屏（蔽）

极光椭圆

地球

磁场

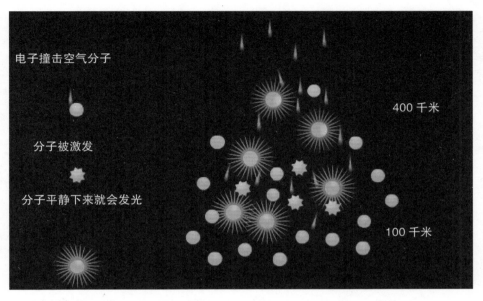

电子撞击空气分子

分子被激发

分子平静下来就会发光

400 千米

100 千米

太阳风暴是极光的造就者。来自太阳的高速粒子（主要是电子）撞击地球上层大气中的氧原子和氮原子，当它们回到"放松"状态时，会产生五颜六色的极光

由于太阳风是时刻存在的，所以极光也一直都在。但若想亲眼观察的话，还得等合适的季节和天气才行。那通常得是严寒的秋冬之夜。

魅力极光引起了很多人的向往。为了追寻极光，他们千里迢迢地进入极地。但这样的"追光"行为是否理性呢？要是缺乏"环保"意识的话，恐怕这只是一种肤浅的"凑热闹"罢了。毕竟，极地环境脆弱，容不得破坏。而海豹被垃圾害死，冰岛苔原被人类踩"秃"的悲剧就发生在不久之前。

地球有话说

怪异的环境

极致之地

两极地区是世界的尽头，这里也是很多"极"致事物的所在地。

极点是我们最容易想到的地理名词，南极点或北极点即地球自转轴（假想之轴）与地球南、北两端地表"交叉"的地方。地球有南、北两个半球，每一个半球都沿着东西向分成了90条距离相等且互相平行的纬度线。纬度线绕地球一圈，并且越向两极越小，直到汇聚为一点。这两个点分别是南纬90°和北纬90°，也便是两个极点所在。

在地理学上，有一个叫作"难抵极"的概念，通常指极为偏远的内陆地区，跟任何一个大洋都隔着十万八千里。可你知道吗，"难抵极"也有等级之分，而地球上最难抵达

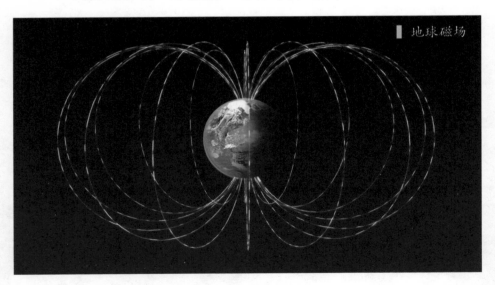

地球磁场

的"难抵极"就位于酷寒的南极高原上，与南极点的距离约为878千米。这里地理条件恶劣，狂暴的风雪终年肆虐，海拔接近4000米，比南极点还高出900多米，是名副其实的"天涯海角"。

在北极地区，同样存在着"难抵极"——它不是一块大陆，而是北冰洋上的一块浮冰。它与四周最近的岛屿也有上千千米的距离。由于浮冰是移动的，所以北极的"难抵极"并没有什么标志物。

除了人类肉眼可见的"极点""难抵极"等概念，两极地区还有肉眼看不到的磁极、磁轴极等"极致"概念。这与地球磁场有关。地球表面包裹着一层巨大的磁层，磁力线从南极发出，向北辐射，越过2万千米的距离，到达北极。

　　因为地球磁场的存在，由此产生了南磁极、北磁极、南磁轴极以及北磁轴极的概念。虽然它们都位于两极地区，但位置不定。而它们位置的移动，乃至地球磁极的大反转都会对地球造成无法估量的损害。好在它们现在相对稳定，依然在暗中保护着地球生灵。

　　从前，两极地区的任何一个"极"都是人类无法跨越的"天堑"，但随着人类探险热情的高涨以及技术的更新换代，这些"天堑"早已化作"通途"，被越来越多的勇敢者征服了。

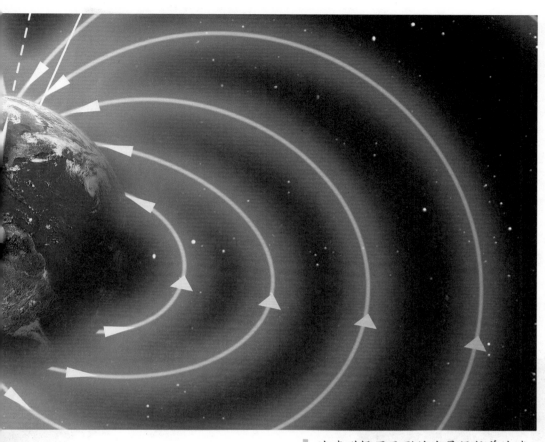

地球磁场用无形的力量保护着地球

环保小·贴士

没有"磁层"的世界

我们的地球"隐藏"在一个巨大的"磁泡"中，也就是磁层。它保护地球不受狂暴太阳风的侵袭，使地球有了宜居环境。反过来说，没有磁层的星球就不会有宜居的环境，比如月球和火星，它们没有磁层，时刻处于太阳风的侵袭之下，连土壤也难以形成，因此，那里的环境十分凄凉。未来，科学家要具备一种预测太空天气的能力，以避免极端太空天气事件对地球磁层的危害。

"错乱"之地

地球南北极

对于生活在中低纬度地区的我们来说，方向与时间是两个非常重要的概念，容不得半点马虎。可当你进入两极地区后，你会发现，过去牢固的认知似乎出现了松动。

假设你的第一场"南极之旅"胜利在望，南极点就在眼前了。可当你欢欣鼓舞地奔向南极点的时候，你会发现

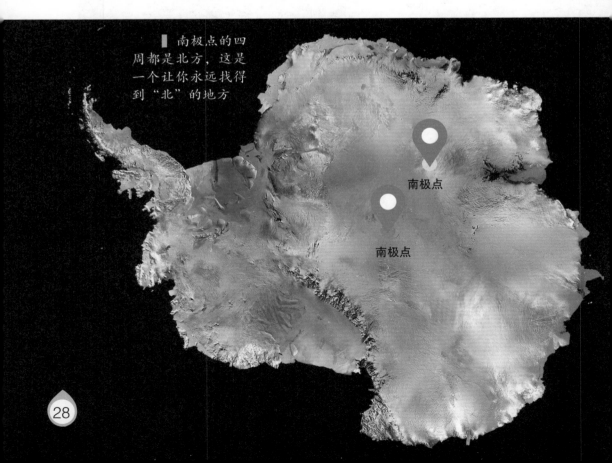

南极点的四周都是北方，这是一个让你永远找得到"北"的地方

南极点

南极点

指南针失灵了，东、西、南三个方向在一刹那间"消失"。举目四望，天地间只剩下一个方向——北方。要是你的旅行终点是北极点的话，那么，情况刚好相反，四面都是南方。

北极点的四周都是南方

若你在两极的极点上待上一整年，你会发现，连时间观念也要改一改。你头脑中的"一天"是指一个昼夜的交替，或一次日出加上一次日落，时间刚好是 24 小时。可在极点上要是还抱着"昼夜交替"的想法去定义"一天"的话，那将是极为漫长的等待。因为极点的一次昼夜交替足足需要"一年"的时间才行。

春分（3 月 21 日）是北极点日出的日子。倏然而至的阳光驱散寒冬的黑暗，北极地区逐渐进入极昼模式——太阳全天不落下。而这种阳光普照的"白天"会一直延续到秋分

最新"热搜"：科学家在南北两极同时测出异常高温。北极的部分地区比平均温度高出约30℃，而南极也毫不逊色，某些地区比平均温度高出了40℃。这让见多识广的科学家也感到极度不安。更可怕的是，这样的极端情况以后可能要成为常态了。后果是什么，不用我说你也知道了。

（9月23日）为止。秋分日那天，高挂长空的太阳开始落下，北极地区的漫漫极夜被打开。下一次的日出要等半年以后了。南极地区的情况正好与北极相反。

这样算来，在两极地区，"一天"就等于"一年"。当然，造成这种怪现象的原因与地球在宇宙中的倾斜状态，以及地球绕太阳公转有关。

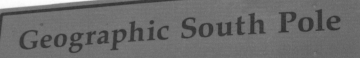

南极点

"荒漠"陨石

放眼南极，满目的雪野冰原，似乎预示着这是一个与"干旱"完全不沾边的地方。可怪就怪在这儿——南极竟有"白色荒漠"之称。因为南极降水量（以雪的形式降落）极少，年均降水量不足 50 毫米，尤其是内陆地区，终年不见降雪，全然一片干燥沙漠之状——跟撒哈拉大沙漠可算作一对"难兄难弟"了。

可"甲之蜜糖，乙之砒霜"。此地的干燥与酷寒，却使它备受陨石的"青睐"。来自月球、火星等地的天外飞石，"不约而同"地选

每年 11 月，部分科学家都要到南极山脉以南的高原用大概 6 个星期的时间搜索陨石。他们被称为南极的"陨石猎人"

陨石坠落南极

择南极作为它们在地球的"落脚地"。几十年来，来自世界各地的"陨石猎人"们已在南极地区搜罗到数万块的各式陨石了。

我们当然知道陨石是一群没有头脑的"铁疙瘩"，它们漫无目的地闯入地球，地球上任何一个地点都有可能成为它们的"落脚地"。但是落在其他大陆上的黑褐色陨石很容易与环境融为一体，从而被人们忽视；另外，陨石要遭遇风化以及河流冲刷等诸多自然力的"侵袭"，让它"安

南极陨石中发现的地外蛋白石

"稳地"待在原处是很困难的事。

而南极的白色大背景，会让黑褐色的陨石变得异常显眼；干燥酷寒的环境以及随处可见的冰川，也为保存陨石提供了得天独厚的环境。

这样一来，坠落在南极的陨石很幸运地避开了各种"苦头"，只需静待人类的发现，就可以向人们传达宇宙的"秘闻"了。

虽然"陨石猎人"们是传递宇宙"秘闻"的使者，但他们多次深入南极腹地，也给南极的环境带来了一定的影响。

环保小·贴士

陨石污染

陨石中包含着宇宙的悠久历史，随时都可能降落在地面，但它可不是任人拾取的，要小心陨石带来的污染。那些刚刚降落地球的陨石上，宇宙射线、太阳射线还未消失，人们没法判断这种放射性污染有多大、持续多久，所以不要随意接近或拾取它们。

还有一种更可怕的污染来自大型陨石，它们坠落时，对地球环境的破坏极大，比如造成地球环境灾难及恐龙灭亡的那次远古陨石"光临"事件。

第二章　极地风云

两极本是一片白茫茫的静谧之地，但在冰原雪野之上，仍然流传着生命的神话。

因为动物的存在，这里充满了生机。同样是因为动物的存在，这里也掀起了阵阵腥风血雨。与生存有关的波云诡谲、尔虞我诈的追逐与搏斗大戏，永不落幕。

除了物种之间的弱肉强食，这里的动物还得练就过硬的本领，能与严酷的大自然"做斗争"——总之，它们注定要在动荡的生活中寻一条出路。

极地法则

弱肉强食

"食物链"反映的是能量的流动关系，这是一个放之四海而皆准的规律，极地也不例外。

"万物生长靠太阳"，这话一点也不夸张。即使远在两极，太阳也是"食物链"的起点。太阳的能量万里迢迢地"赶"到地球，最早的接收者是植物，这是弱小的植物所拥有的为数不多的"优先权"。植物吸收了能量，能量传递大赛便自动开启。先是最初级的消费者——小甲虫、浮游动物，接下来依次是鱼类、海豹、鲸鱼、北极熊乃至人类。一个完整的食物链过程就算结束了，这其中少了任何一个环节都会对生态平衡产生极大的影响。

当然，在两极地区，整个"食物链"会有些许的不同。以北极为例，

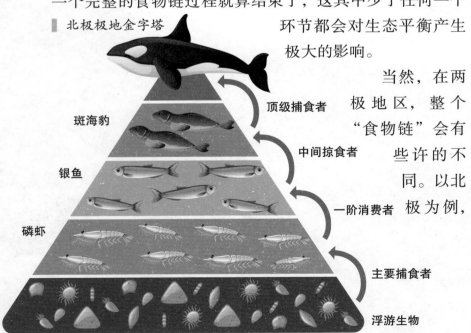

北极极地金字塔

顶级捕食者

斑海豹

中间掠食者

银鱼

一阶消费者

磷虾

主要捕食者

浮游生物

北极动物食物链

苔原或海里的浮游藻类都是最初级的生产者，鳕鱼、旅鼠、北极兔以及驯鹿、麝牛都是它们的"消费者"；接下来，该轮到肉食动物登场了。它们以食草性动物为食，鲸鱼、海豹，北极狼、北极狐、北极熊都属于此类。这一级别的"消费"过程，也包含着"肉食者"之间的争夺与厮杀，血腥而残忍。

南极大陆植物很少，也没什么食草动物。所以能量的传递过程主要在冰冷的海水或海岸附近进行。浮游藻类的形体渺小，但它们却是打造极地海洋环境的第一"功臣"。浮游藻类的"强项"是在海洋中进行光合作用，储存下的能量会被低级的磷虾等小型海洋动物分食掉。再往上有鱼类、企鹅、海豹以及鲸类等众多"嗷嗷待哺"的动物。当然在这

企鹅捕食南极磷虾

个过程中，也存在一些交叉的现象，比如鲸类也会直接吞下大量的浮游生物，也能以海豹为食。此外，盘旋在南极上空的信天翁、南极巨海燕等鸟类也会加入这场"大乱斗"中，"趁乱"叼一嘴鱼虾，或在陆地上搜寻各种腐肉或雏鸟，大快朵颐一番。

无论怎样，冰冷的两极到处都是弱肉强食的生存角斗场。就在我们阅读本书的过程中，生存的斗争仍在继续。

地球有话说

"食物链"是个讲究"平衡"的奇怪"链条"，环环相扣。人类大肆捕猎长须鲸，食蟹海豹的天敌没了，因而数量猛增——乍看起来，好像是"弱者"势力大增了，可你觉得这是好事吗？当然不是，因为自然界的平衡被打破了呀。

与环境"作战"

对两极地区的动物来说，暂时躲过生死关并不能让它们高枕无忧。一个新的、迫在眉睫的考验是"防寒"。

苦寒之地的动物深知防寒保暖的重要性，因此，它们在进化的过程中早有准备。最重要的设计叫作"热交换系统"，它让热量仅在动物体内流通，而绝不会散发到体外。如企鹅的血管系统很独特，动脉、静脉呈立体交错状。当温热的血液沿着动脉向脚底流动时，会自动把热量传递给与之交错的静脉，这样，流到脚底的血就没那么热，热量也就不会通过脚底散发出去。而从脚底流向心脏的静脉血液是凉的，但它经过温热的动脉时，会得到一些热量，从而以"热"血的形式

企鹅的热交换系统示意图

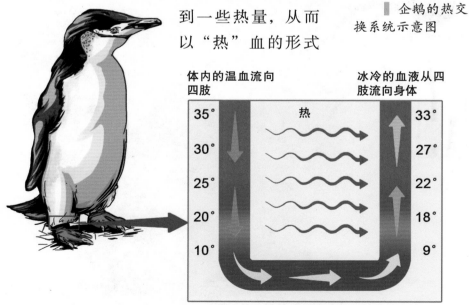

体内的温血流向四肢　　　　　　冰冷的血液从四肢流向身体

动脉和静脉的闭合位置及其之间的热交换

返回心脏。这样，血液的温度得到保障，热量也不会从脚底散发出去。

在外形上，极地动物的祖先也没少花"心思"，进化出精巧、紧凑的体型，让身体很容易"成团"。凡是向外延伸的器官都长得小巧，能缩尽缩，尽量减小体表与外界的接触面。比如北极狐的耳朵和尾巴等器官都是短小精巧的。油光锃亮的皮毛以及厚厚的脂肪层是两极动物必备的"防寒神器"。

除了这些"大设计"，各大动物家族在防寒方面都有秘不示人的"法宝"。有些喜欢群居的动物会紧密地团结起来，互相挤来挤

中空的毛管保暖

毛发保暖

黑色的皮肤吸热

由脂肪和毛皮构成的保温层，使北极熊在严寒的北极得以生存

脂肪

连接组织

肌肉

北极熊的皮毛是无色透明的中空小管子，既防水保暖，又能吸收紫外线，还能阻挡身体热量的散发

去，用各自的身体为对方抵御寒风，以保持温暖——被围在最中间的必是族群中的新生儿或弱小者。比如麝牛或是企鹅家族就天生一副"人人为我，我为人人"的高风亮节的样子。

有些动物善用"避字诀"，比如北极熊、旅鼠以及一些小昆虫等都以打洞冬眠的形式度过严冬。不仅陆上要"防寒"，在海中生活的鱼类也得想办法"防寒"。南极冰鱼的体内暗藏一种"防冻"蛋白质，可保证自己在刺骨的冰水中畅游而不被冻坏身子。

麝牛群

地球有话说

环境塑造一切。极寒的环境会塑造出耐寒的动物，这体现了动物对环境的适应性。虽然"耐寒"的动物也要想办法保暖，但极地气温升高后，也不一定是好事，某些动物可能会灭绝。但与此同时，另一批更能适应"较温暖"气候的动物将迁居于此，这真是"几家欢喜几家愁"啊！

万里穿梭

当大多数动物"绞尽脑汁"对抗严寒时，也有些"脚底抹油"的动物，时刻在观望着四周环境的变化——随时准备开溜。它们没有特殊的本领，只能凭借耐力辗转迁徙到温暖的地带过冬。

夏、秋之交，北极寒气初升，北冰洋沿岸出现冰霜。北极燕鸥敏锐地"察觉"到这属于冬季的信号。它们立刻集结起来，扶老携幼，踏上南飞的旅程。一路向南，越过赤道，直达冰天雪地的南极大陆。此时，正是南极大陆的夏季时光。它们要在这里享受数月的温暖，然后再匆匆起程，返回北极。来去之间，就是万里之遥。

北极燕鸥在天空"跋涉"的时候，大洋之下也正在进行一场迁徙。鲸鱼同样被北半球的"寒意"所"驱赶"，它们知道留在北半球不会有什么"好日子"了，要想吃得饱，

▍北极燕鸥是地球上迁徙距离最长的动物，是名副其实的"迁徙之王"

只能掉头向南，那里正是海洋动植物丰茂的时节。经过长途奔袭，到了南极的鲸鱼终于能吃得饱并安心繁衍后代了。

北极燕鸥的迁徙路线。红色为繁殖区，蓝色为越冬地，绿色为迁徙路线

由此可见，对于极地迁徙动物来说，躲避酷寒并不是它们迁徙的唯一原因，寻找食物和繁殖后代的欲望也会"催促"它们踏上迁徙之路。当然，并不是所有的"迁徙"都得跨越两个半球。

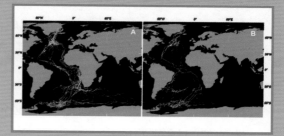

2010年，研究者通过回收安装在11只繁殖于格陵兰的北极燕鸥身上记录日照和时间的装置，第一次较准确地追踪了它们的迁徙。绿线为8月到11月南迁，红线为越冬飞行觅食，黄线为4月至5月北返路线。可见两图的北极燕鸥分别选择了非洲和南美沿岸两条路线

在北极地带，最先感受到春意的是高大威猛的驯鹿。4月一到，壮观的极地角逐大戏便如期上演。脱掉厚重"冬装"的驯鹿家族开始向着北冰洋沿岸进发。

起程的时候，冰雪未消，但它们必须提早出发，穿越茫茫雪原，才能在万物复苏之际赶到北部冻土地带。在此期间，会有小驯鹿降生，但这基本不会"拖累"鹿群，因为只需几天的练习，小驯鹿就能跑得和父母一

环保小·贴士

无声的迁徙

当全球气温升高，一些本不会出现在极地等寒冷地区的生物也开始进行"无声的迁徙"了。这是动植物们躲避高温的无奈之举。海洋中的鱼类不断向高纬度地区"移居"；某些鸟类原本要躲避寒冷而迁向低纬度地区，但现在看来，它们不需要多此一举了。植物也在悄悄地向北极"搬家"，这使得北极的植被日益繁茂。但新物种的到来或许会吞灭原有物种，引发新的生物危机。

样快了。没办法，这是生存的必需技能。只有跑得快的，才能躲过饿狼的追踪。

在驯鹿家族的万里大迁徙期间，除了新生儿的降生，还会有一些其他的"插曲"发生。驯鹿家族全体出动，一路上少不了"吃"这个需求。草地、苔原会被它们啃食一空，环境必定大大遭殃。苔原被"清空"会"释放"出大量蚊虫，它们会紧跟驯鹿的步伐，叮咬它们。为此，驯鹿甚至被迫改变迁徙路线。此时的蚊子反倒成了苔原的"守护者"。大自然真是妙趣横生。

▌迁徙中的驯鹿队伍十分壮观

荒野求生

北极狼群

在白色世界里"摸爬滚打"的动物，似乎更能体会到荒野求生的艰难，因此，它们必须"牢记"一些生存策略才行。

在极地食物链中，无论是捕猎者还是被捕猎者，首先得有一身"隐蔽"的功夫——不妨叫它"白色隐蔽"。除了眼睛、鼻子、嘴巴等器官，其余能"涂"上白色的地方都得"涂"上白色才行。通体白毛是多数极地动物必备的"保护色"。即使是"极地王者"北极熊这种"大块头"都有一身雪白华丽的"隐身衣"，更别提北极狼、北极狐，乃至北极兔等"小家伙"了。

北极熊的体色与环境融为一体

地球有话说

对于极地动物来说，"白色隐蔽"并不是一劳永逸的办法。但在"变色"方面，它们确实头脑灵活。白雪皑皑时，它们默契地换上雪白的冬装；但到了万物复苏的夏季，周围环境变得鲜艳起来，雪兔等动物则会立即换上新的"隐身衣"——毛色出现青、灰、棕等色泽的变化。这能让它们安心地隐蔽在青绿色的植被之中，真是够机灵的。

光滑的白毛，使这些动物与冰雪荒原融为一体，让人难以辨别。至于那黑色的眼鼻也会被错认为是雪地上的"小石子"。雪亮的白毛还能将阳光反射出去，扰乱"敌人"的视线。

不过这种"双向谍战"不能一直维持下去，总有一方会暴露。一场风驰电掣的追逐战突然展开。在这千钧一发的时刻，要是谁陷进雪里或"脚底打滑"，那会立刻"命丧当场"。好在极地动物深知其中的利害，早有准备。它们要么有宽大的蹄子，要么就在蹄子下生出厚毛，增加了

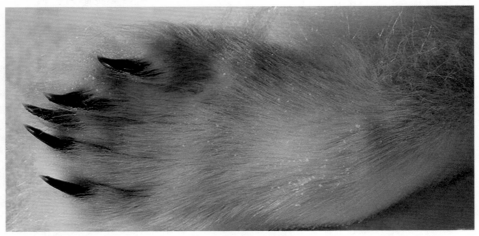

北极熊的脚掌

身体与冰雪的接触面积，减小踏在雪上的压强；跑起来的话，不怕陷落也不怕打滑，又快又稳。

在两极的海域中，"白色"同样是一种"幸运色"。白鲸在成年时，会"裹上"一身"白衣"。当糊涂的北极熊把它们看作海里的浮冰时，它们就有机会慢慢游走了。

远在南极海域的企鹅同样会采用此策略。它们的白肚皮使它们在水下游泳时，被透过水面的亮光一晃，立刻"消失"。不仔细看，根本看不出那有企鹅在游动呢。虽然它们的黑色后背露在水面，但从高空望去，又"隐蔽"在蓝色的海水之中了。

▌换气的白鲸

▌北极狐

47

生死对头

怒海争锋

北极熊早已成为北极的象征，但追溯往昔，北极却没有北极熊。数万年前，一群不速之客——来自爱尔兰等地的棕熊闯入北极地带。从此，它们开始接受环境的"改造"：先是棕毛变成白毛，这有利于伪装；接着，口鼻部伸长，强化嗅觉；牙齿更尖了，一触碰到猎物就能把它撕碎；腿部肌肉更有爆发力，便于快速奔跑。此外，"冰面探路"也是北极熊的"拿手好戏"。

如今，北极熊将这些"功夫"全用在与海豹的"缠斗"上了。

北极熊高大威猛，膘肥体壮，看起来有些憨头憨脑，但它们在捕猎时却精明得很，并且耐性十足。

北极熊的"猎豹"过程，起于追踪。它们开动嗅觉，只要嗅到海

北极熊追逐海豹

豹的气息，便沿路追踪。当目标近在咫尺时，北极熊表现出一副不紧不慢的样子趴在冰面上，屏息凝神。然后匍匐蠕动，悄悄逼近，并安静地潜伏在冰洞旁。当海豹露出脑袋呼吸时，北极熊会突然发动袭击——一巴掌将海豹的屁股拍个"粉碎性骨折"。

有时候，海豹也会趁乱开溜，但北极熊早有对策。它会敲破冰层，在海豹潜入水中之前，将它们"一把捞出"。

一次有勇有谋的"猎豹"行动昭示着北极熊"极地王者"的身份，也向我们展示着极地生存凶残的一面。但当北极熊狼吞虎咽地享用海豹的鲜美脂肪时，一切又好像都没有发生过一样。

"守株待兔"的北极熊

环保小贴士

贝格曼定律

科学家注意到，近年来，某些生物的体型在迅速缩小（约为 5%）。这短时间内的变化并不是物种的自然进化，而是气候变暖所导致的。这正如贝格曼定律所阐述的那样，"在气候较暖的环境中，动物的体型趋向于变小"。这个定律在北极熊等寒带动物身上体现得较为明显。气候变暖，猎物生存艰难，北极熊没了食物，体型自然变小。另外，气候变暖，北极熊不需要那么多热量，体型也要进一步"压缩"。

甘当"清道夫"

一次成功的捕猎，能让北极熊在几天之内都不再饿肚子。但北极熊的食量实在太大，为了维持身体所需的能量，一只北极熊要吃掉几十只海豹才能勉强挨过一年。

可"猎杀"的"高光"时刻可遇而不可求，如何填饱肚子呢？小海象、鲸鱼、海鸟、驯鹿……来者不拒，就连"挖"地洞掏旅鼠的事，北极熊也干过，或者把爪子伸进冷海中捞一把贝壳和鱼虾来充饥。

"闹饥荒"的时候，饥不择食的北极熊还会干一些"丢脸面"的事——捡拾腐肉。

虽然这有违"极地王者"的"身份"，但饿肚子的滋味实在难熬。这时候它们会去海滩上碰碰运气。那里兴许堆放着一些没人要的动物尸体，鲸鱼、海象或是驯鹿、麝牛，虽然肉质早已腐烂不堪，但也能填饱肚子。这时候，北极熊灵敏的嗅觉又

一次成功的捕猎可以让北极熊好几天不用饿肚子

地球有话说

自然界有食腐生物，像秃鹫、鬣狗、蟑螂等等。它们专吃各种腐烂食物，比如动物的尸体。这实在恶心至极。可你想过吗？要是没有这些甘当环境"清道夫"的动物，我们的环境将会更加糟糕，甚至疾病蔓延。所以，那些"勇于"食腐的动物可是维护生态系统平衡的"大功臣"。

派上用场了。它们能从老远就闻到腐肉的味道，然后一路狂奔过来，化身"大自然的清道夫"，大嚼特嚼。

近年来，海冰融化势头正盛，这让北极熊没了"立锥之地"，它们被"赶"到陆地上。海豹等鲜美食物的难得一见，加剧了它们的"食腐"行为。

▎食物短缺的北极熊进入居民生活区，在垃圾堆中翻找食物

猎食之旅

　　"猎食"之战是极地永不落幕的生存大戏。当冰海上的北极熊为食物而奔波时，苔原上的北极狼也为同样的目的而长途奔袭着。

　　春、夏两季是北极狼组成家庭、抚育后代的黄金时期。北极狼虽然是凶狠的捕猎者，但对家庭成员却有着春天般的温暖。只有捕猎时，它们才会将"心狠手辣"的一面显露无遗。

　　捕猎时，北极狼三五成群，四处寻觅麝牛等大型动物的身影。有时候，它们甚至要跑上上百千米。不过若是能碰到猎物群，这一切也是值得的。

　　狂奔的麝牛家族是北极狼团伙的最爱。别看麝牛各个膘肥体壮，还顶着尖角，其实性格极为温顺。所以，北极狼团伙只要按"计划"行事即可。北极狼团伙实行"包抄"战术，从不同方向将麝牛围起来，然后悄悄接近。一旦时机成熟，它们会不约而同地冲向麝牛群。受了惊吓的麝牛群可能因此而四散逃亡，尤其是那些相对弱小的麝牛犊，恐怕要因此落单。这时候，北极狼团伙便会围拢过来，向小牛犊发起攻击。

　　麝牛家族发现小牛犊不见了，也会回过头来营救。它们集结起来，将北极狼冲散，把小牛犊围在中间。麝牛一

▌北极狼群围攻一只落单的麝牛

致朝外，组成厚厚的麝牛墙，将牛角对准四面的北极狼。不过由于性格的关系，它们绝不会主动发起冲击，只是气势汹汹地等待着，等北极狼冲上来，就用牛角顶走它们，直到北极狼放弃为止。

北极狼围猎麝牛

但北极狼不会轻易放弃这顿好饭，这是一场耐力十足的拉锯战。要是北极狼胜了，它们就能"轻松"几天。不过，即便"走运"也是短暂的，生存的挣扎将伴随它们的一生。

如今看来，北极狼的"风光"也是难得一见的。因为北极狼自从被人类"盯"上以后，种群数量锐减。现在，它们也成了濒危物种。

环保小·贴士

物种匮乏

由于北极地区酷寒的极端环境，这里的生物多样性程度很低，远远低于热带雨林中几百万到数千万的物种数量。受恶劣环境的影响，极地也见不到两栖动物或爬行动物。虽然这里有一些适应了环境的麝牛等动物，但当环境越发极端时，麝牛这类动物可能在局部地区消失，只有当气候变好时，种群数量才有可能得到恢复。

食物链上的"中转站"

　　北极苔原是生命的大世界，有的是显而易见的"大个子"，也有不易察觉的"小生灵"——比如生活在雪下的旅鼠家族。

　　旅鼠是田鼠的亲戚，但比较起来，旅鼠的个头更小，尾巴也不长。不过它们是北极地区有名的"挖掘"高手和道路"设计师"。每到秋冬之际，旅鼠的前爪会"变身"为两把锋利的小铲子（实为长出厚厚的角质层），专门用于打洞过冬。只要旅鼠家族全部开动起来，一个四通八达的地下路网很快就在神不知鬼不觉的情况下建立起来了。

　　但这种隐秘的雪下路网只能让旅鼠暂避寒冬，也有助于它们到处寻找一些草根等作为食物。但它们总有"露头"的时候，这时候，来自"天敌"的追杀便不可避免地展开了。

　　首先是守候已久的北极狐。它们早已寻着气味追踪到旅鼠的"藏身地"。隐隐传来的旅鼠的尖叫声会促使北极狐更加肯定自己的判断，从而展开行动。它们会一股脑地向下挖掘，触碰到旅鼠窝时，北极狐会暂停一下，然后忽然腾空而起，再重重地落下——这是为自己"助力"的好办法，以便将旅鼠窝一次性压塌，然后用爪子将惊慌失措的旅鼠掏出来。真是狡猾至极！除了北极

寻找食物的旅鼠

狐，空中盘旋的雪鸮也在时刻监视着旅鼠的动向。雪鸮通身洁白，羽毛丰满蓬松，面目可爱，实为猛禽，捉起旅鼠来"毫不手软"。

旅鼠处境艰难，但它却是北极"食物链"中关键的一环，连接着低级生物和高级生物两大集团。因此，旅鼠具有一定的"预示性"意义：凡是旅鼠家族"爆发"的年份，北极狐、雪鸮等家族也将急剧地"添丁进口"；要是旅鼠家族"萎缩"了，它的上级"消费者"也没什么好日子可过。

环保小·贴士

雪下"微环境"

在北极，雪下不仅藏着资源，还隐藏着一个"微环境"。"微环境"隔绝寒冷，相对温暖，是很多小动物、小昆虫以及一些植物的庇护所，保护它们安然无恙地度过冬季。但当环境变暖时，积雪不断融化，雪下的"微环境"不复存在，以此为家的动植物们很有可能面临"灭顶之灾"。

冰雪中的较量

极地"斗法"

在两极地区生活着大量"海氏"家族成员，如海豹、海狮、海象、海狗等等，它们外形上很相似，多半有着亲戚关系。在北极，"海氏"家族成员属于"食物链"中的中级消费者——要想办法找到鱼虾吃，又得小心提防更高级肉食者的袭击。在南极，它们也处于相似的地位。正因这种生存的挣扎，南极大陆也变得生机勃勃。

在南极，海豹虽然少了北极熊的"骚扰"，但躲不开鲸鱼家族的"进攻"。每当威德尔海豹被鲸鱼群盯上时，它们便把浮冰当作最后的"堡垒"，躲在上面，决不下海。鲸鱼没法爬到浮冰上去，但它们也是"有备而来"的。几头鲸鱼会把整块浮冰团团围住，同时摇动尾巴，在海底掀起波涛，以便击碎浮冰。浮冰破碎，威德尔海豹也跟着"落

虎鲸对威德尔海豹虎视眈眈

水"，这时候，鲸鱼就会一拥而上，叼住威德尔海豹的尾巴，将其溺死在海里。只有那些拼尽全力挣扎，又被幸运女神"眷顾"的家伙才能逃到另一块浮冰上躲过一劫。

当威德尔海豹绝望的时候，也许它的亲戚象海豹家族正陷入"内斗"中呢。象海豹中的雄性生性好斗，都希望做"海滩霸主"。因此，两头雄象海豹常常为了争夺"地盘"而互相叫喊、撕咬。不顾一切地撕咬也使得它们伤痕累累，但它们必须争出胜负才肯罢休。因为只有胜者才能为自己"占领"一块生养后代的地盘。

象海豹家族"内斗"时，总会招来一群看"热闹"的家伙——无所事事的企鹅。此刻的企鹅决不会料到，南海狮早在海边等待着它们了。南海狮不善于陆上行走，却是海

▎两只象海豹打得头破血流

海豹的日子不安稳，除了极地"天敌"的骚扰，还有人类的猎杀。人类垂涎海豹身上的"宝物"，对它们极不友好。实际上，天敌的猎杀并不会使海豹绝种，但人类的猎杀却能轻松"剿灭"整个海豹家族。到20世纪初，一些海豹几乎绝种。直到1972年美国《海洋哺乳动物保护法》通过，海豹连带着海狗等海洋哺乳动物的处境才有了好转。

地球有话说

洋"冲浪高手"。只要企鹅一下海，它们会立即加速，不断拍击海浪，追逐企鹅。

企鹅和南海狮在水中"斗法"，"走投无路"的企鹅会重新"扑腾"到海岸上，笨拙地挪动双脚，逃避南海狮的追击——至此，这一回合的"斗法"就算不了了之了，因为两个家伙谁都不善路上行走。

▌水中"斗法"的企鹅和南海狮

畏"暖"的家族

说到企鹅，它们可是南极大陆的"主角"，"知名度"极高，也是南极鸟类的代表。因为身体肥胖，人们最初就叫它们"肥胖的鸟"。后来，人们发现这些短腿"小胖墩"常常站在海边，做出"翘首企盼"的样子，又为它们取了一个更文雅的名字——企鹅。不过这种"肥胖的鸟"早已"忘记"如何飞翔了，但没关系，这里又没有北极熊来吃它们。

企鹅生性爱"凑热闹"，伙伴越多越好！让我们先到庞大的帝企鹅家族看一看。

温暖的繁殖季节一到，南极近海岸无冰地带随处可见一个个帝企鹅小群体。若把这些小群体统计一下，总数可达数千之多。虽然处处喧闹，但帝企鹅家族却是一个和谐的大家庭，谁也不会为了区区一块地盘或是别的什么东西而"大打出手"。

所有的帝企鹅夫妇都在忙着一件事：分工合作，为新生的小企鹅服务。雌鸟负责产卵，雄鸟负责孵化。当"新生儿"出世后，便不断地呼唤着自己的父母。它们熟悉彼此的声音后，帝企鹅夫妇会结伴去海里寻觅食物，来喂养自己的孩子。企鹅

"动物界的最佳奶爸"——帝企鹅爸爸把企鹅宝宝放在自己的脚面上，呵护其成长

觅食时最担心的事情就是断裂的冰山封路（冰山封路，企鹅没法到更远的海域觅食，而近处的鱼类资源实在"抢手"）。这是全球变暖的恶果之一，会极大地影响企鹅家族的生存。因此，企鹅父母出发前，只能"祈祷"气候不要太暖和。

父母离开后，年幼的帝企鹅便独自留在族群中，享受大家族带来的庇护和温暖。或许你会提出疑问：当帝企鹅父母"满载而归"时，如何从漫山遍野的帝企鹅中发现自己的孩子呢？

还记得帝企鹅家庭内部的"暗号"吗？就是声音哪。虽然环境嘈杂，但帝企鹅父母和新生儿早已记住了彼此的声音，所以，帝企鹅父母在"鹅"潮汹涌中，一路寻找，一路鸣叫，很快就能分辨出幼鸟的"回应"。当然，这要建立在三者之间的距离并不算遥远的前提之下。

▌帝企鹅妈妈觅食归来

地球有话说

全球变暖的大背景下，很多人都在关心企鹅的生活。有一位伊朗的建筑师发挥自己的专长，为企鹅设计了一个"企鹅保护系统"，以此改善这群特殊的南极"业主"的生活环境。这位建筑师设计了一种酷似北极因纽特人"冰屋"的装置。这个装置能为企鹅生存提供适宜的温度——冷的时候，可以避风寒；下面的冰川融化时，它也有办法让其快速地"冻"起来——实在是一项"疯狂"的设计。

繁衍之战

并不是所有的企鹅聚集在一起时都是和谐的，比如阿德利企鹅家族内部就充满了"尔虞我诈"。

在企鹅家族中，阿德利企鹅的繁殖期是最短的。所以，繁殖季节一到，每一个阿德利企鹅家庭都要与时间"赛跑"。

每年的 10—12 月，正是南极的春季，积雪初融的岩层上，阿德利企鹅越聚越多。它们来自远处的浮冰海域，正"争分夺秒"、连滚带爬地跑到这里来。这是它们繁育后代的"圣地"。

▌繁殖季的阿德利企鹅

▌雄性阿德利企鹅为了吸引雌性的到来，必须在繁殖期到来之前建一所属于自己的石头"房子"。而为了获取足够多的石头，它们完全不介意去偷盗

阿德利企鹅"大军"一到，这里就变成了热火朝天的"工地"。阿德利企鹅选好一块"地皮"，便开始四处捡拾石子堆积起来，建造出一个巢穴。速度一定要快，不然夏天到来时，它们没法安心地抚育自己的后代。

可越是忙乱的时候，越有怪事——巢穴好像总也建不好，石子总是莫名其妙地不见了。阿德利企鹅四处寻找，终于"恍然大悟"——原来它"前脚"捡来的石子，"后脚"就被同伴偷走了。阿德利企鹅只得大叫着"喝退"偷盗者。有时候，它们不得不为三五块石子发生一些冲突。

当一切妥当，雌性阿德利企鹅产下 2 枚蛋。这期间，争斗也从未停止，企鹅家族还得时时防备那些偷蛋的海鸟。

可孵化期过后，通常只有一只雏鸟能成功地活下来。因为在短暂的幼年期间，雏鸟会"遭遇"很多意外情况：

地球有话说

科学家提供的一份"企鹅研究报告"显示，生活在南极东部冰盖边缘的一个阿德利企鹅家族出现了"灭种"的可怕信号。企鹅数量锐减，尤其是小企鹅的境遇更为惨淡，本来新生儿就少，能顺利活到成年的则少之又少。究其原因，气候变暖仍是第一位的……

对此，这个阿德利企鹅家族只能"搬家"或是默默忍受。

父亲与邻居间的争斗可能导致雏鸟被赶出巢穴，冻死在外面；雏鸟之间的争斗也会出现"伤亡"。到最后，只有强壮的那只能够成活，并得到父母的喂养。

或许是为了避开这种同族间的争斗，帝企鹅家族"别出心裁"地选择冬季作为自己的繁殖期，但整个过程同样充满了艰辛。

▎繁殖期的阿德利企鹅夫妇会共同完成繁衍大事

从迷你到高大

大风雪下的"小环境"

在寒冷、干燥，暴风雪交加的两极地区，动物生存尚且不易，那么，更为"软弱"的植物会有怎样的命运呢？是销声匿迹，还是傲雪凌霜地顽强生存呢？植物的回答是后者。

南极有着地球上最严酷的荒漠环境，但植物仍未绝迹。山谷和荒芜的高原上，哪怕只有一丝光亮的岩石缝隙里，苔藓和地衣也会顽强地扎下根来，小心翼翼地"匍匐"生长。别看这些植物矮得可怜，但它们可能已经在这里生存了千万年之久。

与南极相比，北极可算是植物的乐园了。夏季一到，辽阔的北极苔原一改冬日的萧瑟荒凉，立马变成缤纷的生命大世界。苔藓、地衣漫山遍野，绿草红花点缀其间，生

机无限。花草都憋着一股劲儿，要在这倏忽而逝的夏季尽情盛放。

　　这里的植物没有其他同类所享有的那种得天独厚的自然环境，所以它们必须得有自己的"绝活"才能生存下去。

　　"追寻太阳"是北极的花朵格外"看重"的事，肥硕的杯形的花朵时刻都在寻觅着阳光，只有这样它们才能"争取"到更多的阳光和水分。

▌南极洲的"苔藓森林"正在消亡

▌南极苔原

北极的花朵

　　在这些植物之间还流传着一条至关重要的生存经验——"尽量靠近地面才好"，只有匍匐着，才能躲避刺骨寒风的侵袭。"高傲"地挺立，虽然优美、有风骨，但在这里是活不下去的。

　　再往下看，这些植物的根茎大多粗浅，聚集而生，组成一片小森林。在这片温暖的小"世界"里，大伙才能互相"取暖"。

　　北极虽然也有夏天，但这里的夏天比极光还要"短暂"，能适应寒冷环境的植物也少之又少。在整个地球上，这里的生态系统可算作"独一份"了——生物多样性不强，整个食物链又单薄。一旦遭到破坏，恢复起来可谓难上加难。

地球有话说

雪原林海

　　沿着苔原带一路向南，终会到达一条名为"极地树线"的交界地带。从这里开始，冰雪与永久冻土"败下阵来"，让位于我们熟悉的风景——一片莽莽榛榛的原始密林。据说，最初进入这片一望无际的莽林中的人，还以为这是世界的尽头呢。

　　这片横亘于北纬45°~70°之间的密林就是地球上最壮观的森林带——泰加林带。"泰加林"一词来源于俄语，意为"极地附近与苔原南界接壤的针叶林地带"。这条林带不单单"占据"了俄罗斯的西伯利亚地区，还将整个欧亚大陆和北美洲的北部连为一体。它是地球森林的北方界线，向南延展1000千米

▌泰加林带

左右，连我国东北边境的林区也属于泰加林带的一部分。

泰加林带虽然绵延上千千米，但林间树种组成并不复杂，因为这里气候寒冷，只有几种针叶乔木能够茁壮成长，以云杉、冷杉、落叶松为代表。它们不惧风雪，树形挺拔高大，长到二三十米高也不是难事。

高地上高大纤细的密林成片，而那低洼的"间隙"处，则密布着湿润的沼泽。但到了寒冷的冬季，它们都在冷风中化作长久的"静默"。

并不是所有的树都能迁居于此，那些没见过风雪的南方树木是决不能承受那种来自积雪的"压力"的。只有树形呈"塔"状的树种才能在此地茁壮成长。因为它们的"尖角形"轮廓能轻松地"抖落"冬天的积雪，而不至于被积雪压断。另外，为了尽可能多地进行光合作用，它们的叶子常年青绿地挂在枝上；叶片缩成针形，表面被一层"蜡质"包裹着，防止水分流失。

密林远离人烟，是野生动物的乐园，棕熊、松鼠、貛、驯鹿在这里穿梭游荡；北极狐、北极狼在这里捕猎奔忙；

冬日的泰加林带

北极驯鹿

各式各样耐寒的动物，拥有不同文化的原住民……上万年的静谧中，一幅人与自然和谐交融之景从未落幕。

除了良好的生物多样性态势，这里还是资源的宝库，淡水、矿藏、林木资源应有尽有。但随着人类的不断开发，这片独具北极寒区特色的神秘之境早已不复往日的宁静。

环保小·贴士

森林固碳悖论

人们都知道植树造林能降低大气中的碳含量，但经过大量实验和调查，科学家发现不适当的植树造林不仅不会降低大气中的碳含量，反而有可能破坏当地的生态系统。这警示人们，必须把树木种植在合适的地方。比如北极苔原地带，高大、深色叶片的树种多了，反而会降低当地的阳光反射率，更多的热能被保留在地表附近，这会导致局部气候变暖。

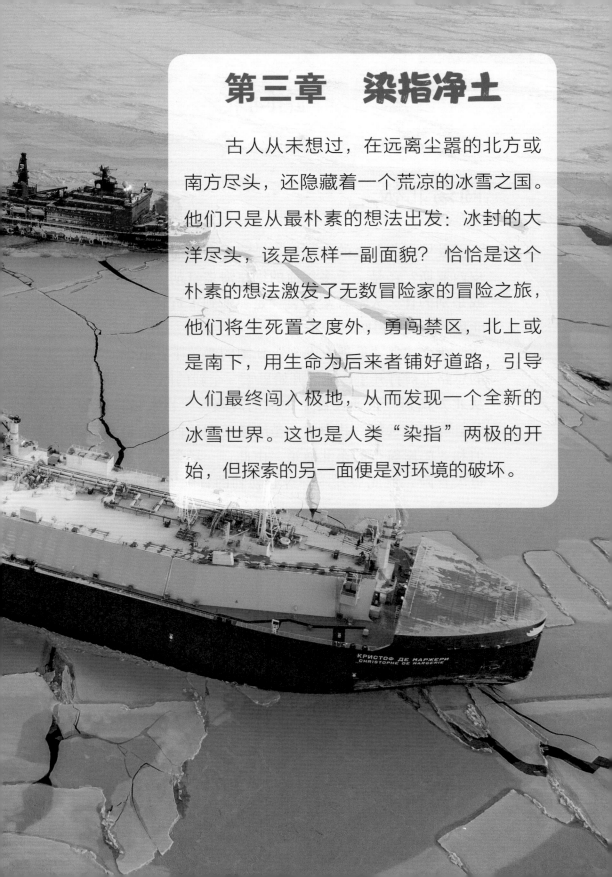

第三章　染指净土

　　古人从未想过，在远离尘嚣的北方或南方尽头，还隐藏着一个荒凉的冰雪之国。他们只是从最朴素的想法出发：冰封的大洋尽头，该是怎样一副面貌？恰恰是这个朴素的想法激发了无数冒险家的冒险之旅，他们将生死置之度外，勇闯禁区，北上或是南下，用生命为后来者铺好道路，引导人们最终闯入极地，从而发现一个全新的冰雪世界。这也是人类"染指"两极的开始，但探索的另一面便是对环境的破坏。

一路向北

闯荡北极

最早闯荡北极的人是谁？是两千多年前的希腊冒险家皮西亚斯？还是一千多年前的维京海盗红胡子埃里克？抑或是别的什么人？答案莫衷一是。但到了近代，人类探索北极的线索变得明晰起来。

在全球性"地理大发现"狂潮的激荡下，欧洲君主们的思路也被打开了，他们开始思索一个新的问题："能不能从北方找到一条通往古老中国的海路？"答案是肯定的，并且有两种选择，其中之一是绕道美洲的西北航道和沿西伯利亚海岸航行的东北航道。由此，一场轰轰烈烈的"航道大冒险"就此展开——野心勃勃的冒险家们纷纷起航，

▌威廉·巴伦支抵达北极

沿着自己选定的路线一路"北上"——尽管那时的"北极"如同月球一样遥不可及。

1596 年 7 月的一天，来自荷兰的探险家威廉·巴伦支带着他的船队从格陵兰东部海域向北进发。这已是他第二次进入北极地带。进入北极海域后，一切的景象都预示着胜利。温暖的海流碧波荡漾，那是北极地区难得的不冻海。但当他的船队驶入新地岛附近海域时，形势急转直下。浮冰将巴伦支的船队团团围住，好不容易穿越冰层后，船早已伤痕累累。浮冰预示着冬季的到来。他们只得在零下几十摄氏度的严寒中，栖身于荒岛上的一间小屋。不幸接踵而来，由于新鲜食物的匮乏，败血病不断袭击着这里的每一个人。

威廉·巴伦支的探险队到北极后，经常受到北极熊的袭击，于是他们对北极熊展开了猎杀

长久的绝望迫使巴伦支放弃航行计划。在归途中，饥寒交迫的巴伦支和一些船员倒在了北极的风雪中。那片困住了巴伦支船队的海域从此得名巴伦支海。

巴伦支的北极探险地图是北极制图的一个重要里程碑，描绘了他 1596—1597 年间的第三次极地探险航行的许多细节

油画《威廉·巴伦支之死》

300 年后，巴伦支未竟的事业被瑞典人阿道夫·诺登舍尔德接过。诺登舍尔德谨慎又幸运，虽然经历小小的波折，但仅用一年多的时间就胜利地完成了他的"航道大冒险"。1879 年 9 月，诺登舍尔德的船队穿过白令海峡，进入日本横滨港——通往东方的东北航道就此贯通。

进入 20 世纪后，那个开通西北航道的人物出现了，他就是大名鼎鼎的挪威探险家罗阿尔德·阿蒙森。在他以前，英国派出的队伍早已全军覆没。但阿蒙森毫不退缩，而且他的目的更为高尚——为了科学（研究北磁极等），与"淘金"毫不相干。在航行

的 3 年里，阿蒙森的船队遭遇多次狂风与寒冰的"洗礼"，但每一次都化险为夷。阿蒙森的船队终于在 1906 年秋季驶入美国旧金山港——人类几个世纪以来的"西北航道冒险"，终于通过阿蒙森实现了。后来的历史证明，这只不过是他辉煌一生的一个起点而已。

瑞典探险家阿道夫·艾里克·诺登舍尔德首次从西到东打通了东北航道

公元5世纪到15世纪，是欧洲的中世纪时期。从公元7世纪开始，气候逐渐变暖，是有名的温暖期。温暖期的到来，导致欧亚大陆和撒哈拉地区承受着干旱之苦，但对渴望探索北极的人来说，却是天赐良机——因为气候变暖，北极附近的海面浮冰后退，有利于航行。于是到公元11世纪时，北欧探险家们便掀起了探索北极的浪潮。

地球有话说

灾难的启示

"深入北极点，揭开北极的面纱"成了19世纪末探险家们冒险的主题。但冒险之旅常常是由悲剧铺成的。

1879年，美国海军军官乔治·德朗率领他的"珍妮特"号向北极点发起冲击，但船队很快遭遇北冰洋浮冰的阻挡。船在浮冰间狼狈前行，巨大的撞击声时不时地传来，震颤着船员的心。厄运整整折磨了"珍妮特"号长达21个月之久。到最后，浮冰终于失去"耐性"，将"珍妮特"号彻底击碎。

■ "珍妮特"号的幸存者拖着他们的船穿过冰面

船员们从船上撤离后，仍未摆脱厄运。他们兵分三路，乘着三艘小艇逃生。但狂风、巨浪、严寒分几次掳走了包括船长在内的大批船员的性命，仅有几名幸运儿死里逃生，回到了美国。

"珍妮特"号冰海沉舟悲壮惨烈，但这并未打消人们对于北极点的兴趣。几年后，人们竟在格陵兰岛东岸发现了"珍妮特"号的碎片等遗物。很明显，它们是从当初的沉船地点——西伯利亚东海岸漂过去的。人们啧啧称奇，但挪威探险家弗里德乔夫·南森却恍然大悟：北极海域或许存在一股自东向西的海流，穿越极点流向格陵兰岛。

为了证实这个假设，南森立即组织了一支探险队，开始了他的漂流计划。1893年6月24日，南森和他的"弗

环保小·贴士

曲棍球棒曲线

如果你观察过全球温度记录曲线图的话，你会发现在过去的 1000 年中，地球的气候相对来说是稳定的。但进入"工业时代"后，大气中的二氧化碳含量逐年上升，右侧曲线呈现出陡然上升的趋势。这个曲线的轮廓与曲棍球棒很像，被叫作曲棍球棒曲线。

拉姆"号探险船起锚远航。3个月后，"弗拉姆"号进入北纬 78° 50′ 海域，并进入漂流模式。"弗拉姆"号一路北上，到第二年年底，船进入北纬 83° 24′ 的海区，便停滞不前——此地与北极点仅有几百千米的距离。

南森的计划虽然"功亏一篑"，但他已创造新的纪录——成为 19 世纪最接近北极点的人，且整个船队无人员伤亡，全员返航。此外，南森的考察向世人证明，北极的中间地带没有陆地，是一片广袤的海盆。

南森的北极之行

梦想实现

　　南森的行动激发了各地探险家的热情，北极点之争进入白热化阶段。失败与牺牲变得司空见惯，现在，就看罗伯特·皮尔里的了。

　　皮尔里来自美国，他有着专业的探险知识，也有两次无功而返的教训。这一次，他告诉自己："不达目的，誓不罢休！"1908年6月，皮尔里搭乘"罗斯福"号探险船向北极点发起最后的冲锋。

　　次年3月1日，皮尔里的"探险突击队"在距离北极点200多千米的地方换上狗拉的雪橇，满载补给，向着茫茫冰原飞驰而去。行程依然是凶险重重，但队员们坚定信念，终于战胜了冰障、暴风雪、薄冰等重重危机。

▌罗伯特·皮尔里探险北极途中遭遇暴风雪

自打人类进入北极，北极的鲸鱼便遭了殃。几百年内，北极洋面上大渔船穿梭往来，"带走"了鲸鱼，却留下了前所未有的各种污染。北极无鲸可捕，人类又转战南极。南极的鲸也几乎"全军覆没"。人类勇闯极地，真不知是福还是祸……

地球有话说

时间进入4月，北极点"近在咫尺"了，最后的冲刺终于到来。更激动人心的是，天公作美，万里无云。为了避免不测，皮尔里告诫几名队员，每天至少行进40千米。几天的"攻关"过后，6日上午，"探险突击队"主力终于到达北纬89° 57′。队员们稍作休息，又确定好方位后，整个突击队群情激奋地冲向北极点。"星条旗"插在了北极点上——一项新的纪录诞生了——人类的足迹终于到达北极点。

此后，北极禁区向人类敞开了怀抱，越来越多的"勇敢者"进入北极地区。他们以独具个性的途径造访北极：有人乘坐核潜艇，有人驾驶飞机，还有人开启了穿越两极的环球探险之旅……

▌罗伯特·皮尔里是第一个到达北极点的人

寻找南极

南方大陆传说

南极洲是地球最后的净土，也是人类探索的最后的大陆。但关于南极大陆的传说则流传已久。最早对南极发表观点的人是古希腊大哲学家毕达哥拉斯。他仰观宇宙，发现太阳和月亮等天体无一例外都是圆形的，那么，我们的地球应该是圆的。大哲学家亚里士多德对此观点表示赞同。圆形及对称性观念的叠加，使人们的思想进一步飞跃：在与欧亚大陆相对称的地方，也就是地球的南方，应该还有一个大陆。不然的话，圆滚滚的地球岂不是要失去平衡了？

于是，当时的地理学家便将那一片完全未知、只凭猜测得出的"南方大陆"——"未知国"画在了地球的最南端。那是一片广袤的大陆，面积足以和

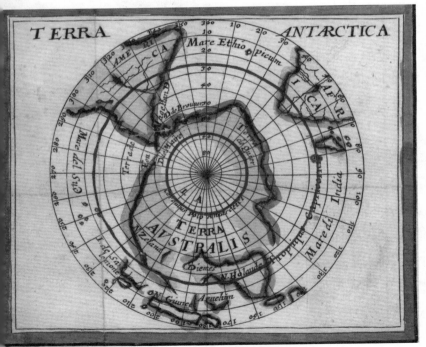

南极古地图

沧海桑田"我"早已见怪不怪了。如今南极最大的冰架罗斯冰架，在千万年前远比现在更大，整个冰架几乎一直冰冻到海底。自从气温不断升高，海底冰架逐渐融化，曾经的盛况化作回忆。而近年来，漂浮在海面上的部分也不断脱落，它变得越来越小了。

整个北半球大陆相抗衡。

中世纪以后，欧洲人痴迷于神学，把"地圆说""南方大陆"等等观念斥为异端邪说，禁止人们再探讨相关的话题。但人们的好奇之火哪有那么容易就被浇灭呢？没多久，"地圆说""南方大陆"等传说就"卷土重来"了。

"地理大发现"吹响了人们进军南方大陆的号角。在整个欧洲，"探险"是最受推崇的英雄运动。早期的探险家们怀着极大的"发现一切"的热情，开始前赴后继地奔向南方，寻找那片传说中的大陆。

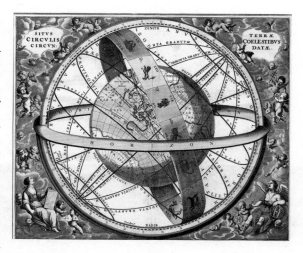

荷兰－德国数学家和宇宙学家安德烈亚斯·卡利乌斯1708年绘制的星图——由黄道带环绕的地球

英雄年代

　　南极的发现并不是一蹴而就的，而是经历了一个历时百年、集合了无数探险家英勇智慧的开拓历程。在巨幅的"南极探险英雄图谱"上，无数人前赴后继，有人籍籍无名，有人大放异彩——英国海军军官、探险家詹姆斯·库克（人称"库克船长"）便是极为闪亮的一位。

　　库克是世界上第一个以寻找南极大陆为目标的探险家。库克第一次寻访南极大陆是在 1768 年，他带着整个英国社会寻找南方"乌托邦"的狂热激情离开普利茅斯港，立志找到那块想象中物产丰富的宝地。但 3 年的漂泊，除了让他绘制出新西兰群岛地图、澳大利亚东海岸外，并无实质

▌ 库克是世界上第一个以寻找南极大陆为目标的探险家

■ 库克第二次探险沿大西洋非洲海岸南下，绕过好望角，穿过南极圈

性的收获——除了证明南纬 40° 的地方绝不存在所谓的 "南方大陆"。而他的回归之路则略显狼狈，充满了悲凉与无奈——船行至印度尼西亚时，瘟疫蔓延到库克的船上。

1772 年 7 月，不甘心的库克再次向着南方扬帆起航。这一回，搭载着天文钟、六分仪等先进航海仪器的库克船队，多次深入南极圈，进入南极高纬度冰山地带。库克的整个航程近 10 万千米，整整绕南极大陆一圈。他也成了世界上第一个完成此项壮举的探险家。

这趟航程壮阔与凄凉并存：满目晶莹的冰雪世界，轰然崩塌的冰山，令人惊心动魄；而风暴和冰峰中的死里逃生则令人心有余悸。越向南，冰障越多，天气也愈加寒冷，恶劣的气候促使库克船长开始考虑返航事宜。而此时，他们所处的位置已是南纬 71° 11′。

　　虽然没有找到传说中的南方大陆，但库克已到达他们航程中的最南端。回国后，库克船长如实地向世人公布了他的结论：并不存在所谓的南方大陆——即使有，也是一片冰雪覆盖的不毛之地，对人类来说实在没什么好处。

　　库克的结论令人扫兴，但这没能阻挡后继者的脚步。19世纪三四十年代，世界各大国间掀起了寻找南极大陆的风潮。美国人组织了有名的"威尔克斯远征"，也叫"南海远征"。

　　这次远征的指挥官是美国海军上尉查尔斯·威尔克斯。威尔克斯性情暴躁，但他做事认真，身上有一股不达目的决不罢休的执着精神。向南的征途困难重重，但威尔克斯的这种执着精神促使他穿越层层冰山，见识到一望无际的冰架和那里数不清的海豹、企鹅等生物。他成功地登上了南极大陆。

　　但那时，在国际社会，好几个国家（英、法、俄等）的探险家们，都不约而同地宣称：他们是第一个踏上南极

美国探险远征队由海军上尉查尔斯·威尔克斯指挥进入南极洲海域

大陆的人。但谁也拿不出最有力的证据。不管怎样，地球上最后一片隐藏在冰雪之下的大陆终于得见天日。

伟大的较量

南极的"真相"竟是一片不毛之地，这令心怀"暴富梦"的殖民者感到幻灭——但大浪淘沙，留下的都是真正热爱探险的勇敢者。尤其是美国皮尔里宣布到达北极点后，南极点成了探险家们的新目标。一场南极探险史上最伟大的较量也由此展开了。

1910—1912 年间，两支探险队出现在南极附近的罗斯海域。他们的目标相同但又不完全一致：他们要冲向南极点，且谁都不想当落后的那个。"对抗"从一封略带挑衅的电报开始：

请允许我通知您，"福莱姆"号已行进在远征南极点的途中。

发出电报的人是挪威探险家罗阿尔德·阿蒙森，而收电报的人则是他的竞争者——英国探险家罗伯特·福尔肯·斯科特。

1911 年 10 月 20 日，南极进入初夏，准备充分的阿蒙森一行开始了进军南极点的伟大征程。相对顺利的行程使

挪威探险家
罗阿尔德·阿蒙森

1911 年 12 月 14 日，阿蒙森一行胜利抵达南极点

得 12 月 14 日成为一个载入史册的光辉日子。那一天，阿蒙森一行胜利抵达南极点。通过测绘，他们确认那里是千真万确的南极点。随后，他们在南极点郑重地插下一面挪威国旗，以此证明他们是最先到达南极点的探险者和国家。

阿蒙森一行的南极点探险之旅胜利结束，但斯科特的队伍还在路上，并且步履维艰。实际上，从航程之初，斯科特的队伍就被各种突发状况所困扰，强风暴几乎毁了他的探险船；接着冰山又堵住了他的航路，使他没法到达早已建立好的补给站。斯科特一行不得不放弃了大量物资，又得重新制订探险路线等计划。

万事开头难，但斯科特的探险队一直很难。1911 年 11 月，斯科特探险队登上南极大陆时，他摒弃了雪橇狗反而选择矮种马做畜力，这又为他后来行路的不顺埋下了伏笔。接下来，一系列的决策错误，几乎将他们拉入致命的深渊。

地球有话说

你以为南极远离"尘世"就能免于污染了吗？当然不可能，别忘了空气是在全球范围内流通的——海洋也挡不住它。海湾战争期间（20世纪90年代），石油泄漏、起火，产生的浓烟污染物不仅破坏了当地的环境，还用几年的时间飘散到南极大陆，并沉积在那里的冰川中。战争污染的破坏性由此可见一斑。

到 1912 年 1 月 17 日，历经磨难的斯科特一行终于到达南极点。等待他们的不是欢呼和庆祝，而是致命一击——阿蒙森探险队留下的帐篷、旗帜、信件已说明了一切。

返程之路异常艰辛而悲壮。在饥寒交迫、大风暴以及身心俱疲的打击下，队员们接连倒在冰雪之中。

较量的胜负已定，但双方的精神永垂不朽。为了纪念他们为人类探索南极所做出的功绩，南极点科学考察站被命名为"阿蒙森–斯科特站"（属美国）。

英国探险家罗伯特·福尔肯·斯科特抵达南极点附近

中国人进入极地

去南极

当科学的旗帜高扬，单枪匹马的探险英雄年代便宣告结束，一个新的更为波澜壮阔的极地科学考察时代就此开始。在此期间，冰天雪地的两极终于有了中国人的身影。

进入 20 世纪后，一些关于极地的科普书籍传入中国。新中国成立后，气象学家、地理学家竺可桢院士第一次提出，"中国人应该去南极，研究南极"。

到 20 世纪 80 年代，中国人终于做好了准备，向南极进发。但南极之旅艰险异常，中国没有像样的破冰船，也没条件向发达国家购买，只能自行设计建造。第一艘远洋

中国第一艘远洋科学考察船"向阳红"10 号

科学考察船"向阳红"10号得来不易，但它能否经受万里航程以及南极恶劣环境的考验还是个未知数。除了设备问题，从中国去南极的航线也是未知的，完全靠着中国科学家反复研究才得以确定出一条最近的航线。经历一番死里逃生的探险之旅后，中国人终于穿越西风带，战胜了狂风巨浪、冰山围堵，进入南极。

随后，便是热火朝天的建设工程。1985年2月20日，中国第一个南极科学考察站——"长城站"在南极洲的乔治王岛上建立起来——工期仅仅50天。4年后，中国第二个南极科学考察站——"中山站"也宣告建立。

中国第一个南极科学考察站——长城站

中国科考队初次进入南极时，便随身携带了一份严格的"环保"规章：保护当地的动植物保护区，不准随意破坏和采集。就算是队员们外出考察产生的废物（包括大便）都得带回考察站以科学合理的方式销毁，总之，谁也不能给南极增加污染。

地球有话说

长城站与中山站都是小小的科学城。中国人以此为基地，展开各项科学考察任务，如气象观测、地震观测、高空大气物理观测等等，研究项目五花八门，对我国的科研事业具有极其重大的意义。

如今，我们早已摆脱了当初一穷二白的状态，科学考察站的数量也已达到5个（新增昆仑站、泰山站、罗斯海新站）；中国第一艘自主建造的极地科学考察破冰船——"雪龙"2号也已交付使用，实现了中国极地科学考察重大装备领域的突破。在30多年的极地科学考察历程中，我们取得了令世人瞩目的成就，为极地环境的保护和研究贡献了中国人的力量。

中国破冰船"雪龙"号参加中国第八次北极考察，尝试中国首次绕北极圈航行

寸步难行

从世界范围来看，北极考察早于南极考察。不过我国的顺序正好相反，对距离较近的北极的考察落在南极之后。南极的长城站和中山站相继建立后，中国人才将目光转向北极。

北极与南极不同，它的周围被8个主权国家所环绕。其中新奥尔松是最适宜建立北极科学考察站的地方。它位于极圈以内，远离人类居住地和污染源，是开展环境监测以及各项科学监测的绝佳地点。可这里属挪威政府所有，不能随意出入。

中国人要进入北极，得首先过了"外交谈判"这一关才行——其中的难度远远大于

▌挪威的新奥尔松

科学考察本身。

可"外交谈判"该从哪入手呢？极地科学考察工作人员犯了难。就在大伙一筹莫展的时候，一份签署于1925年的文件给大家带来了惊喜。这份名为《斯瓦尔巴条约》的"北极条约"是由挪威政府主导的，其中一项规定为，在遵守法律和法规的前提下，缔约国的国民可以进行相关活动。而中国的北洋政府恰恰是当年的缔约国之一。

有了这份官方文件，中国政府有了法律依据，向挪威政府提出交涉。寸步难行的北极之路终于"柳暗花明"。

2004年7月28日，中国的第一个北极科学考察站——黄河站终于竣工。这是继南极长城站、中山站之后的第三座极地科学考察站，中国也成了世界上第8个在北极建立科学考察站的国家。更值得一提的是，黄河站拥有全球极地科学考察中规模最大的空间物理观测点。如今，新建的中-冰（冰岛）北极科学考察站也正式进入运行阶段，这对中国乃至全世界的极地科学考察事业具有重大的推进作用。

中国第一个北极科学考察站——黄河站

环保小·贴士

全球种子库

北极地区常年低温使其成为天然的冷藏室。在斯瓦尔巴群岛这个距离北极点 1000 多千米的地方，建有一个全世界最大的植物种子库。种子库中储存着来自世界各地的 450 万份种子。它们能在低温的保护下长久储藏，可以确保人类食物的多样性和安全性，防止因环境变化或其他毁灭性灾难而引发物种灭绝。目前，科研人员希望这座至关重要的仓库不会因北极气候变暖而遭到破坏。

科学国度

实际上，在中国人建立极地科学考察站之前，世界上很多国家已在两极建立多个不同类型的科学考察站了。

以北极为例，在北冰洋沿岸及岛屿上建有"陆基观测站"，以自然环境、气候学、地质学、生物学等为研究对象。由于各个国家竞相在北极设立生物观测站，在北极四周已经形成了一个环绕北极的生物观测站网络。

随着科技的进步，一种深入到北冰洋中心的"浮冰观测站"开始出现。浮冰观测站多建于断裂的冰川冰或海冰之上，这对技术要求很高。建成后的浮冰观测站在常年的漂流过程中执行各项任务，如极光观测、气象

▍无人浮标观测站

地球有话说

有人生活就会产生污水。南极科学考察站内的"污水"最终也要被排放入海。不过，它可不是直接被排出去的。每一滴污水在排放前，都得到自动污水处理器中"走一遭"，以确保它是符合相关排放要求的，然后才能"入海"。至于那些暂时没法处理的化学溶液等，则要妥善收集，运回各自的国家再进行相关处理。

研究等等。随后，北冰洋地区又出现了更为先进的"无人浮标观测站"。这种观测站依靠自动装置及卫星手段为人类观测荒僻的北极地带。

在南极兴建科学考察站的历史可以追溯到20世纪初，来自英国的探险家斯科特在南极探险时搭建了一个简易的小木屋，这便是世界上第一个南极科学考察站。此后，世界各国被南极独一无二的科学考察环境所吸引，相继来到这里建设科学考察站。阿蒙森-斯科特站（美国）、青年站（俄罗斯）、富士冰穹观测站（日本）、哈雷研究站（英国）都是世界知名的南极科学考察站。世界各国在南极建立科学考察站，以科学为宗旨，和平共处，俨然一个极地"联合国"。

南极科学考察站——斯科特小屋内部

"极地人"的生活

▎极地生活

　　各个国家的科学考察人员来到极地，就成了特殊的"极地人"。他们不仅要工作，还要积极适应极地的生活。

　　吃是首要问题。尤其是南极，冰天雪地、寸草不生，所有食物都得从其他大陆运来。各国人都有不同的饮食偏好，中国人的主食以米面为主，至于副食，则有便于保存的蛋类、新鲜蔬菜、各种速食食品、罐头、干菜，以及方便现场加工的豆腐、豆芽菜等等。不过要想吃到美味，破冰船、飞机以及小雪橇都是船、雪上车、必备的运输工具。

▎南极科学考察人员采集冰芯样品、冰下海水和浮游生物样品

■ 英国哈雷科学考察站的内
部生活设施一应俱全

到了冬季，大多依靠储存的食物，但无土栽培也是提供新鲜蔬菜的重要途径。如果储藏得当，就能吃到一些新鲜水果。

用水问题相对简单，各个国家通常会在有湖泊的地方建站，比如长城站和中山站附近都有湖泊。有些生活用水，完全可以用随处可见的冰雪来解决。

在南极，最可怕的是突如其来的暴风雪。有时候，风雪来了，一夜之间就能把一座科学考察站彻底掩埋。为了应对这一问题，科学考察站的建筑通常建得很高，并用柱子将其撑起来，使其与地面保持1~2米的距离。这样，当

暴风雪中的波兰亨利克南极站

环·保·小·贴·士

环保优先

运往南极科学考察站的副食品，通常要提前制作成半成品，用塑料袋进行封装。对于某些禽类，要提前取出内脏，并单独封装；对于速冻蔬菜、花生等品类都要清理干净，去除外壳。这样做的目的既是节约时间，也是为科学考察站减少垃圾。

强风雪来袭时，它们就会通过建筑下面的孔洞迅速"过境"，以减少对建筑物的掩埋或是"冲击"，保证建筑物的安全。

北极的生活要比南极相对安全，因为那里的生存环境相对容易，也有常住居民（因纽特人等），物资补给相对好解决。只是北极科学考察站的门通常不锁，还要朝外开，这是为了躲避北极熊的侵袭而想出的对策——因为北极熊只会推门，不会拉门。

位于南极乔治王岛上的智利埃斯佩兰萨基地被持续了几天的暴风雪袭击

极地宝库

冰雪之下

两极地区白雪茫茫，看上去辽阔而宁静，但造物主并未按下"暂停键"，反而在这里"预留"了大量天文数字级别的资源，等待人类去发掘。

首屈一指的是矿产，两极地区所储藏的矿产资源丝毫不逊色于地球的其他地区，煤、铁、铜、金、铅以及一些复合矿物的储量极其丰富，大矿区随处可见。阿拉斯加北部、西伯利亚以及南极的煤炭资源加起来，超过全球储量的一半；而南极的铁矿蕴藏之丰富，可满足人类未来200年的需求，"南极铁山"是名副其实的"世界之最"。

两极地区石油和天然气的储量同样引人注目，北冰洋沿海大陆架以及极地群岛等地堪称"油气资源宝库"，它们是人类最后的能源基地。

▌南极蕴含着丰富的煤炭资源

俄罗斯在北冰洋上的石油钻井平台

　　极地生命造就了庞大而独特的极地生物资源。各种海洋及陆地哺乳动物、鸟类、鱼虾类为极地带来了生机；而广袤的泰加林带的落叶松以及苔藓、地衣等植物则装扮了极地环境，也为当地经济提供了重要的支撑和保障。值得一提的是南极的磷虾资源，磷虾是南极生物的重要饵料，同时也是人类渔业的捕捞对象。南极的磷虾储藏量极大，可达数十亿吨。而磷虾本身的营养成分较高，是人类蛋白质的重要补充物。因此，南极附近的海域也被称为"人类的蛋白质资源宝库"。北极的渔业资源同样丰富，世界四大渔场之一的北海渔场闻名于世，就得益于北冰洋下的寒冷海水。

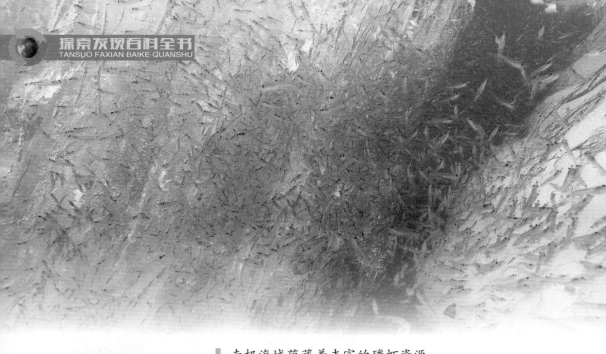

▌ 南极海域蕴藏着丰富的磷虾资源

　　除了冰雪之下的资源，极地的冰雪本身也是巨大的淡水资源，它们是人类淡水资源的宝库，也是人类的"退路"。此外，大量的可再生资源也在极地聚集，风力、水力以及地热资源都是地球给予人类的礼物。

环保小·贴士

资源争夺竞赛

　　过去，北冰洋全年封冻，难以接近，更谈不上开发。而那里又是一个资源宝库，尤其是大量的石油和天然气，令很多国家"跃跃欲试"。现在，气候变暖了，海冰不断融化，这给开发极地资源带来了便利。但开发的反面也许是污染，所以，人们要从长远利益出发，在保护环境的前提下进行科学的开发。

寒冰白雪

在北极，独特的地理环境孕育出独特的人文风貌。这里生活着众多极地土著民族。因纽特人、楚科奇人、萨米人等等，总数约为900万人，分布在环绕北极地区的多个国家。

因纽特人是北极土著的代表。他们的祖先为什么要来此冰荒之地生存呢？或许是为了躲避南方部落的追杀，或许是为了追击驯鹿。不管怎样，自白令海峡还是未被海水淹没的大陆桥时，因纽特人的祖先就来到北极扎根了。

初来乍到的因纽特人祖先花了好长时间观察和琢磨极地生存方式，终于确立了自己

▌ 因纽特人的冰屋

▌ 因纽特人的生活场景

的生活方式。他们制作出独具特色的轻便皮划艇出海捕鱼，还制作一种圆顶冰屋作为临时休息驿站。另外，他们还特别擅长判断冰层的薄厚，这实在是至关重要的。如今随着现代文明和技术蔓延到北极，因纽特人也在拥抱新时代，用新技术改善他们的生活。

极地土著都是风雪中的"勇士"。在上万年的进化过程中，他们不断适应环境，演化出独特的外貌：身材矮小粗壮，鼻子宽大，脸盘也宽，皮下脂肪较厚。但从基因的角度来说，他们也不是土生土长的"极地人"，而是从低纬度迁徙到高纬度生活的。

当极地的地理环境与人文环境叠加起来，便创造了稀有的观光资源——极地旅游业由此兴起。

人们深入极地，既是观光，也是探索。世界尽头的秘境、纯净的星空、乍现的极光、满目的洁白与轻灵都是极地旅游的特色。游人乘船游览极地的湖光山色，甚至亲身踏上南极洲大陆，与企鹅"亲密接触"，这都是绝无仅有的

狗拉雪橇是北极土著居民的传统交通工具

到南极洲与
企鹅零距离接触

体验。不过极地观光也要受制于独特的高寒环境以及变幻莫测的天气带来的挑战，人们对此应抱有谨慎的态度。

最重要的是，极地是人类最后的净土，环境极为脆弱。人类的足迹踏上极地，必然会加重极地的环境负担，稍有不慎就会给极地带来各种形式的污染。极地一旦受到污染，将是无可复原的悲剧。

荒凉的两极藏着很多"宝贝"，还有一些别处不具备的气象资源。这引起了很多人的觊觎，谁都想在极地资源"争夺战"中占尽先机。可大家也别忘了，极地的环境非常脆弱，不要为了眼前的短暂利益而毁了极地长久以来的"洁净"，那将是得不偿失的。

地球有话说

103

第四章　守护荒野

极地远在天边，原本是人类最后的净土。这片蛮荒之地看起来野性十足，但实际上，这里的环境异常脆弱。更重要的是，两极地区虽然遥远，但并不是与世隔绝的，人类的污染行径所引发的连锁反应早晚会传递到两极地区。

眼下，两极地区正承受着各种污染之痛，臭氧层空洞、冰川消融、过度捕猎、石油泄漏、海洋污染……任何一个问题都有牵一发而动全身的恶劣影响，它们早晚会"回流"至人类生活区。保护极地，已到了刻不容缓的地步。

热浪侵袭

过犹不及

你或许已经听说过以下事实：由二氧化碳、甲烷等气体组成的"温室气体"是造成"全球变暖"的元凶。可你知道吗？在温室气体"危害"地球之前，它们曾是地球的"保护神"。温室气体包裹在地球外面，让太阳的光热不断到达地球，又保护这些热量不至于全部散射到太空中，形成"温室效应"，让地球有了温暖宜人的平均温度。要是没有这层温室气体保护着地球，地球恐怕要"沦落"成另一个月球——死寂荒芜，昼夜温差极大，平均温度将低于−18℃。

可情况是从什么时候开始变"坏"的呢？

这最早可以追溯到人类能够自如地"取火"的那一刻。火光升腾时，燃烧的产物二氧化碳也随之进入大气层。随后，人类的"机巧"日增，燃烧化石燃料、冶炼金属、铸造器皿……进入大气中的二氧化碳越来越多。

北极上空首次出现巨大的臭氧空洞

进入20世纪，热兵器战争接二连三发生，人类引以为傲的大工业体系建立起来，二氧化碳的排放出现"井喷式"大爆发。污染也悄然进入爆发的临界点。大气中二氧化碳含量的平衡被逐步打破，各种新式人造污染层出不穷。不过那时候人们还没有意识到这一点，就连当时的学术泰斗牛顿、居里夫人等对此类事件也毫无察觉，更谈不上什么担忧了。

可是无数的灾难终究使人醒悟：温室气体过犹不及，已造成灾难。当温室气体增多

燃烧化石原料排放出大量的温室气体

《京都议定书》是为应对"全球变暖"问题而诞生的知名国际协议。增加能源利用率、大力拓展新能源的使用场景是其中最重要的两个步骤，目的都是降低碳排放量。

地球有话说

环保小·贴士

燃烧的极地

当极地高温天气纪录不断刷新时，就会引发另一种灾害——森林大火。高温使得林木、苔原变得干枯易燃。每年的夏季是北极附近地区的火灾高发期，大火通常由闪电引发。有时候，大火可持续达数月，弥漫的浓烟会向大气中输送难以计量的碳，给当地的居民以及动植物带来伤害。而这些碳又会加剧气候的干燥性……

到一定程度时，那些原本要散射到太空中的热量被它们截住，然后又反射回地面，这样一来，地球的温度便逐年升高。

科学家一再警示人们，若是二氧化碳的含量持续不断地增加，那么地球在未来20年到50年之内的升温幅度将超过过去10万年内的升温幅度。具体来说，地球的平均温度至少要升高2℃。可别小看这区区的"2℃"，它将开启"潘多拉的魔盒"，带来一系列的灾难。

▌浮冰上的海象

灾厄降临

寒冷用千万年的时间凝固了两极的冰雪，但气候暖化却能轻易地将这一切融解。随着温度的升高，极地正在上演冰消雪融的大戏。40多年的卫星观测数据传递给我们的事实触目惊心：北极夏季海冰面积已减少了将近一半。海冰面积锐减，海冰的厚度也在变薄。过去，北冰洋的冰平均厚度可达4米，但现在勉强达到1.8米的平均厚度，已经不到过去的一半了。如果任由其发展下去，到2050年前后，北冰洋的夏季特色将消失殆尽——成为一片无冰海域——就像那些温带、热带的海域一样。曾

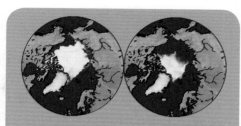

根据美国国家航空航天局（NASA）的观测数据，在过去的40多年里，北极夏季海冰面积减少了将近二分之一，只剩下约350万平方千米

专家们一致认为，在不久的将来的一个夏天，最后一块浮冰将离开北冰洋

在全球变暖的大背景下，一些小型冰川在与炎热的斗争中败下阵来，成为气候变暖的牺牲品。冰川的不断消失引起了一些人的警醒，他们开始为消失的冰川举行"追悼会"。人们在冰川的原址上竖起纪念碑，上面的悼词极其醒目——今后200年，所有冰川都可能步它后尘。

经令北极引以为傲的永久海冰将退化为季节性海冰，即使这样，季节性海冰的面积仍将持续缩减。

海冰在减少，那么制造海冰的速度是怎样的呢？西伯利亚和阿拉斯加海岸因其地理位置而成为全球知名的"海冰制造车间"。这里会形成很薄的浮冰，当浮冰漂到北冰洋更冷的范围时，会逐渐加厚；但现在"海冰制造车间"正面临着"减产"甚至陷入"造"不出冰的尴尬境地。

众所周知，北极地区存在一个所谓的"北极放大"效应。意思是，当全球变暖时，北极地区的增温幅度将达到全球平均值的2倍以上，这会

■ 北冰洋反射率是保持地球凉爽的自然系统（示意图）

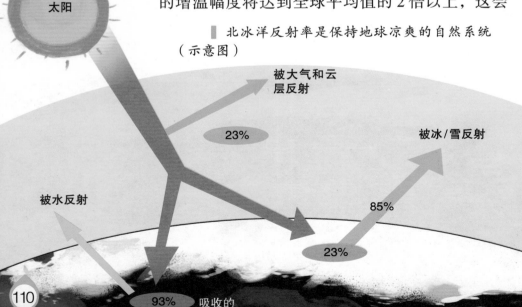

太阳

被大气和云层反射

23%

被冰/雪反射

85%

被水反射

23%

93%　吸收的

给北极当地以及全球带来什么样的结果呢？可想而知并不乐观。

没有海冰的围挡，北冰洋海域会立即成为"全球变暖"的帮凶。北极冰是调节气温的高手，它能反射太阳光，为全球"降温"；但海水恰恰擅长"吸热"，会接收更多的阳光进入海洋，并快速升温。它让吸收的热量通过洋流传递到全球各地，进一步促进海冰消融，并助长全球变暖的趋势，导致各种极端的恶劣天气层出不穷……一切将陷入一个恶性循环之中。

冰川融化

北极海冰已无法抵御温暖的冲击，并形成了恶性循环。现如今，北极的陆地冰川也呈现出明显的缩减态势，且速度越来越快。全球的冰川都在减少、变薄，因此而损失的

▌北极冰川

冰雪量巨大。

以冰川量相对薄弱的北极为例，过去几十年中，北极冰川以每年1.3%的速度快速融化，并且这个数字每年都在提升。科学家据此推算，用不了十年，北极冰川将消失殆尽。格陵兰岛上的冰川大量减少，阿拉斯加山上的冰雪也开始融化，冰川湾国家公园里的缪尔冰川在最近30年内融化了8千米之多……这一切都在无声地印证着科学家的预测。

冰川消融，让永冻土也处于高温的"蚕食"之下，面积大大缩减。那些融化了的"冻土区"变成一片泥泞的沼泽地，地表面貌大变样。常年积水的烂泥地将成为动物的陷阱和死亡地。而人类则要忍受越来越热的夏天、干裂的土地以及莫名增多的森林火灾。

那么南极呢？南极的状况同样糟糕。来自温热地区的

美国、加拿大共管的冰川湾国家公园

地球有话说

全球变暖是不争的事实，但很少人知道它的速度有多快。极地冰川加速融化，在全球范围内引发众多连锁反应，自打2022年6月以来，热浪席卷北半球，高温天气成为欧洲夏季的"标配"。7月份，北极圈的温度已飙升至32.5℃，那里的科学家们甚至能穿着短袖短裤度过夏季了。

海水不断地"蚕食"南极半岛的冰架。科学家已经在南极海岸尤其是南极半岛地区观测到环境的变化。

南极半岛的气温在半个世纪以来已经上升了近3℃，这是全球平均升温幅度的10倍之多。科学家们曾乐观地认为，全球变暖将在多年以后才能影响到南极大陆，但2002年，一块硕大的拉森B冰架轰然坍塌，它的面积约为3250平方千米，厚度达200米——这比很多城市的面积要大得多。南极冰架崩塌的"丧钟"提早敲响。科学家们也终于开始正视南极冰山的遭遇。从南极半岛一路向南，已经有半数以上的冰川消融于大海之中。那里渐渐成为无冰区，而内陆地区的冰架也不断崩塌，南极也被"加热"了。

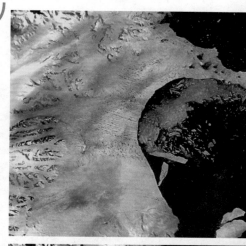

南极半岛的拉森B冰架在短短一个月内整个破碎坍塌，这是南极历史上最壮观的一次冰架崩塌事件

据不完全统计，曾经存在于南极西北地区的冰川有2/3已经融化了。现在地球的海平面在一年之中就上升了3.3毫米，这背后对应的就是全球平均气温上升了0.8℃

海平面上升

在热浪的"席卷"之下，无论是北极的海冰还是南极的万年冰川，都面临着消融、崩塌的现状，这带来的另一个后果是极其可怕的。

我们都知道地球上全部的水中只有 3% 是可饮用的淡水，而其中 90% 的淡水资源都储存在南极冰川中。冰川可称得上是人类的淡水"银行"。但当冰川消融的速度远超冰的生成速度时，大量的淡水资源会白白流入海洋中，它们与海水混合，成为不能饮用的咸水。这不仅浪费了淡水资源，还会促使海平面上升。

海平面上升到底有多可怕呢？

以格陵兰岛为例，如果那里的冰雪全部融化，海平面会立刻上升 7 米；如果两极的冰雪全部融化，海平面则会上升 60~70 米。那时候，世界会变成什么样呢？

根据预测，到 2050 年，大西洋北部的海平面可能上升 1 米，这将导致世界上很多的沿海城市处于海平面以下

首先，沿海各大城市、乡村将全部消失于海面之下。曾经光鲜亮丽的超大型城市纽约、东京、曼谷等都将被海水淹没；我国的广州、深圳等沿海城市也将不复存在；至于人类引以为荣的工业基地、农产品基地也将全部付之东流。人类只能不断向高处迁徙，这势必引发土地资源危机和淡水资源危机。

海平面上升，会导致海水入侵。海水越过曾经的浅水区，给那里的生态环境带来灾难。那里是珊瑚礁的聚集地，也是海洋动物的家。它们是海岸线的守护者，当海平面不断上升，珊瑚礁难以适应新的环境，将不断消亡。这无疑破坏了浅海鱼类及其他海洋生物的栖息地，会导致海洋生物数量减少。那时候，人类又要面临食物危机了。

环保小·贴士

水下国家

在太平洋上有一个"微型"岛国——图瓦卢。这个国家的国土仅由几个珊瑚岛组成，最高海拔仅有4.5米左右。这样的低海拔使得这个国家不断与海平面升高做斗争，但失败的结局是注定的。从21世纪末到如今，图瓦卢的海平面已增高了9.18厘米。科学家据此推算，50年后，图瓦卢将成为一个水下国家。而这将是世界其他沿海低地区域未来的"预演"。

动物逃亡

当极地停止"制冷"，北极圈附近的永久冻土以及南极内陆的岩石开始融化，那些被冻结在地下深处的甲烷甚至远古微生物都将"重见天日"，而甲烷产生的温室效应比二氧化碳高出整整25倍。它们不仅促使地球升温，还会给人类带来难以预料的后果。而动物的日子则会越来越难过。

▌ 甲烷气体或甲烷水合物储存在海底，但会随着永久冻土融化而广泛散发出强大的温室气体

过去，北极熊单打独斗，只需时刻盯紧猎物就行，但现在，它还得时刻注意着脚底的浮冰。当海冰减少时，北极熊就没有办法在海冰上捕获海豹。饥饿的北极熊只能在流浪中等待死亡。此外，体内带毒的猎物海豹也会成为杀死北极熊的"帮凶"——当然，此时的海豹也没什么好日子可言。科学家预测，到2050年，北极熊的数量会减少

▌ 海冰减少导致北极熊处境更危险，因为冰层变薄后，北极熊将无法获得充足的食物

2/3。

　　眼下，北极熊的选择有两种：北上——向着更北的地方游，以便寻找可供生存的海冰。但这种长途旅行会使一些体弱者失去生命。如果成年北极熊将自己的孩子留在陆地上，小熊缺乏独自谋生的能力，结局仍是死路一条。南下——进入人类活动的区域。它们甚至闯入了人类工业区，这不仅危及北极熊的生存，还影响了人类的生活。

　　每年春季，鲸鱼和特定的鸟类会不远万里赶到北极浮冰海域，因为这里有丰富的食物。但当北极的浮冰不断向北退却，所有的喜冷生物只得跟随浮冰向北，这样一来，原本的渔场捕鱼量大为下降，而动物间的争夺也将更加剧烈。

　　再往南走，漂泊与流浪的情况仍屡见不鲜。南极的阿德利企鹅与北极熊有着相似的

由于浮冰的消失，北极熊的食物来源几乎断绝，瘦骨嶙峋的北极熊最终逃不过被饿死的命运

119

浮冰上的企鹅

习性——深爱着冰海生活。但南极海域变得越来越暖，这样一来，喜冷的磷虾数量锐减。这意味着阿德利企鹅要饿肚子了。冰雪消融也会给阿德利企鹅的繁衍带来麻烦。消融的雪水会冲垮它们建在岩地上的巢穴，撞碎那里的企鹅蛋，造成小企鹅的意外伤亡。这样一来，阿德利企鹅家族只能不断地漂泊，深入南极内陆；而环境的改变等多个因素又会给阿德利企鹅家族带来诸多变数。

环保小·贴士

渔业战争

渔业资源是很多国家重要的收入来源，但现在因为全球气候变暖，很多鱼已经"自行"迁徙到更远或是更深的低温水域了。这样一来，那些原本可以和平共享渔业资源的国家，就有可能因为非法捕捞等事件爆发冲突。

诡异色泽

　　还记得我们曾提到的南极"绿洲"麦克默多吗？随着人们对它了解的加深，人们又在那里发现了其他怪事。

　　虽然名为"绿洲"，但只有亲身体验的人才知道那里的环境有多么恐怖和怪异。在麦克默多的谷内，环境尤为干燥，二百多万年的时间内，片雪未落，连绵起伏的山谷内到处都是无冰区；在时速321千米的狂风咆哮下，这里与水汽永世隔绝。光秃秃的不毛之地上，除了企鹅和其他动物的尸体，只剩荒凉一片。置身此处，好像到达了火星一般，环境之恶劣，可见一斑。

　　但是再走下去，另一幅极具冲击力的景象会突兀地呈现在你的眼前——冰川被"撕裂"，且"血"流如注。冰川化身流"血"的瀑布，时刻喷涌着大股"鲜血"。这是怎么回事呢？

　　这种被称为"血瀑布"的怪异现象在南极由来已久。1911年，罗伯特·斯科特探险队

■ 南极的血瀑布

的成员格里菲斯·泰勒就已发现此种怪异现象。他们给它取名"血滴"，但当时的人们尚未能给出合理的解释。如今，关于"血瀑布"的成因理论已经越来越多了。

最初，人们把这种铁锈一般的红褐色物质认定为某种藻类爆发。但后来人们发现，这种红褐色物质来源于铁的氧化。"喷泉"是一种富含铁的液体。每隔一段时间，冰川的"裂口"中会喷出一些原本清澈的"铁流"，在空气的作用下，它们迅速氧化，变成红褐色或是深红色。而"铁流"的来源，则是深埋在冰川之下的上百万年的大盐湖，它们位于冰川400米之下。而如今，科学家已经发现，在如此黑暗、无氧的"绝境"之下，确实有一种依靠铁和硫的化合物生存的细菌。

随着南极升温，铁的氧化过程加快，未来的某一天，"血瀑布"会不会彻底爆发？而底部的远古细菌被带到南极地表后，是否会打开环境变革、危害人类的"潘多拉魔盒"？谁也不知道。

▎血瀑布示意图

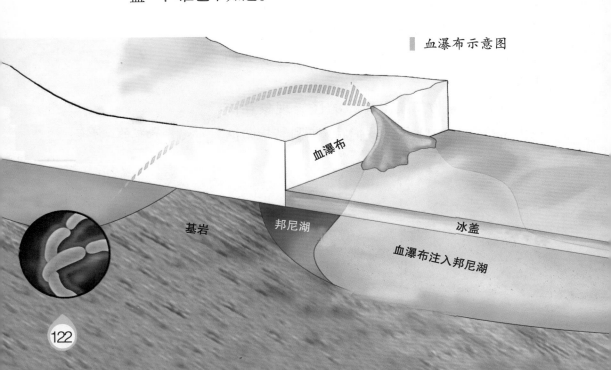

基岩　　　邦尼湖　　　　　　　　冰盖

血瀑布　　　血瀑布注入邦尼湖

■ 泰勒冰川下微生物被困在冰下 200 万年。这些微生物生活在无氧环境中，在那里代谢硫和铁，从而形成红色。目前，泰勒冰川中有 17 种已知的微生物

实际上，除了惊悚的"血瀑布"，南极还有一种"变色雪"。南极科学考察站的人员已经拍摄了大量照片，向人们展示南极飘飞的绿雪及红雪。之所以出现这种"奇观"，与极地高温脱不了干系。极地高温促进了某些特殊颜色的藻类的繁衍，因而出现"变色雪"。据科研人员推测，升温趋势如果再不加以遏制的话，极地还会出现其他冰雪"失控"的现象。

血瀑布最早发现者罗伯特·斯科特曾在其日记中写道："在干燥的麦克默多干谷地区，我们意外地发现了一条流血的小河，它真的很神奇，河水的颜色犹如鲜血一般，似乎是南极大陆被人砍了一刀。"

地球有话说

"清凉"的圈套

氟氯烃是现代社会的一项伟大发明，它是一种化合物，是制冷的好材料。它还有一个更响亮的俗称——氟利昂，空调、冰箱等各种制冷设备都少不了它。此外，氟利昂还是电子产品清洗剂、塑料发泡剂、气雾杀虫剂等产品的主要原料。它"驱赶"炎热，给我们带来清凉又舒适的现代生活，因而风靡一时。但日子久了，人们终于发现，这些便利中其实潜伏着长远的风险。

氟利昂隐藏着一种特性，并且只有当它缓慢攀升、不断积聚到大气层时，这种特性才会显现出来。此后，情况开始急转直下。大气层中的氟利昂会受到太阳的照射，一连串的化学反应由此引发，最终的结果就是氟利昂本身没什么事，但臭氧分子可就遭了殃——被分解，越来越少，以至于每年春季南极上空都会被动地开启一扇"天

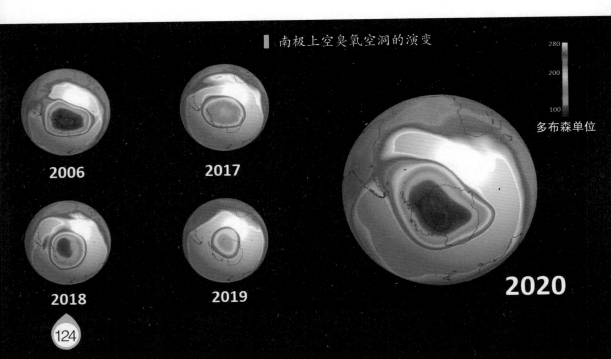

南极上空臭氧空洞的演变

280
200
100
多布森单位

2006
2017
2018
2019
2020

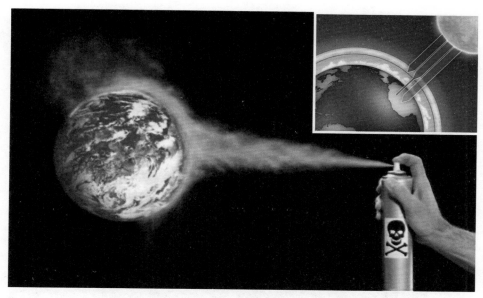

氟利昂气体对臭氧层具有破坏性

窗"——形成著名的"臭氧空洞"。(北极也有臭氧层空洞,但南极的情况尤为严重。)

臭氧层的重要作用之一就是阻挡紫外线,因而有"地球生命保护伞"之称。地球若是失去这层屏障,紫外线、红外线等物质长驱直入,一方面会伤害地球上的生灵,另一方面则会加剧全球变暖的程度。再加上氟利昂本身也是一种温室气体,它在破坏臭氧层时,也在为"高温""助纣为虐",地球生灵的生存空间将进一步被挤压,这恐怕是氟利昂的发明者怎么也想不到的"后续"。

到20世纪70年代,氟利昂的"神话"终于被"打破"。越来越多的人认识到氟利昂的长远危害,将它列入温室气体"团伙"进行限制,并花大力气开发替代物品。1990年,

国际社会达成共识，禁止使用氟利昂

一项针对氟利昂的减排项目得到国际社会的认可。各国相继禁止使用氟利昂作为原材料，以停止排放。但大气层中已积聚了大量的氟利昂气体，要想令其彻底消失，还要等到 21 世纪才行。

说起臭氧那种难闻的腥臭味道，真是够令人讨厌的了。可要是没有它，我们人类就绝不会有好日子过。要知道，娇嫩的水果和蔬菜经不起紫外线的照射（品质会下降），而看起来坚硬无比的建筑物也经不起紫外线的照射（减损寿命，伤害外部装饰等），至于人类就更无法抵御紫外线的照射了。这时候，只有臭氧能保护我们。

地球有话说

极地阴霾

血色毒云

南极与人类生活的大陆天海相隔，有广袤的海域做天然屏障，因此，一些污染物被隔绝在外。但北极却与人类生活区息息相关，来自周边发达国家的脏污空气和水给这里带来了大量的污染。

工业革命开始后不久，一些探险家和捕鲸人便在北极的冰川中发现了一些黑色斑点。当时的人们还不知道这些神秘的黑色物质到底是由什么组成的，也说不清它们的来历，但已经基本确定它们是一种污染物。

到 20 世纪中期，北极地区又出现了一种怪事——一种红色的密集雾团不时笼罩在北极上空。后来人们得知这是一种烟雾，里面充满了小分子液体和固体小颗粒，是多种粉

北极雾霾

▌北极冰川中的黑炭，减少此类物质的排放可能是我们所知道的缓解北极变暖的最有效方式

尘污染物的集合，便将它称为北极霾。

　　其实，无论是神秘的"黑色斑点"还是北极霾，都是已经形成的污染。而它们的来源正是北半球人类工业区。它们被向北运动的气流带到北极地区，又聚集起来。冬春时节尤为严重，因为霾遇到又干又冷的空气不易散发，只能聚集在北极上空，如同城市上空的烟雾一样。当夏天到来时，霾会渐渐散去，或被雨水冲刷，落入地面。此后，它们成为地面污染物，会随着融化的冰雪水进入土壤，或聚积在苔藓等植物的表面。"食物链"工程开始启动后，有毒物质开始一层层地向上传递，直到进入人体。

　　那些进入河流的污染物，有可能随着波涛流入北极，那么可能发生北极的候鸟、鱼类和哺乳动物因吞食污染物而中毒死亡等事件。而这些污染物早晚还要重新进入环境之中。

环保小贴士

北极悖论

在北极这个特殊的区域，存在一个奇怪的现象，也叫"北极悖论"。它说的是，气候变化使得人们在北极地区能够得到更多的资源，但这些资源的开采又会加剧气候的变化。这让人们感到无所适从。可是在巨大的利益面前，很多人的选择是"无视"这条悖论。

除了危害生物，霾也是助长"全球变暖"的"帮凶"。原本，北极地区的大气较为稀薄，这是有利于散发热量的，但霾的出现，使得地面热量进入烟雾中，又被反射回地面。北极地区的温度便逐渐升高了。而据科学家的研究，北极温度越高，来自寒冷北方的风势就会越小，北半球中纬度地区（比如中国）空中的污染物便不容易扩散，雾霾也就越发严重了。

▌黑烟可能会导致地球上的冰川和其他冰融化，最终导致地球变暖

黑色荼毒

北极霾中聚集了大量粉尘，但它们并不会老老实实地"待"在空中而不"染指"地面。当煤炭烟尘遇上雪天时，它们会融合起来，形成黑雪降落到地表。这样的可怕景象就出现在俄罗斯西伯利亚的工业区附近。本应是白茫茫纯洁的大地被黑雪覆盖，情形宛如末日，令世人震惊错愕，而罪魁祸首便是当地的煤炭发电厂。此外，工厂排出的烟尘、汽车尾气以及突发的山林大火产生的烟尘都是造成"黑色"污染的元凶。

黑烟不仅荼毒了白雪，还要"染指"洁白的冰川，为北极地区"笼罩"上一层黑色阴影。越来越多的照片展示出北极"黑冰"乌黑肮脏、丑陋可怕的一面，它们遮掩了极地往日晶莹剔透的风采。而格陵兰岛的"黑冰"范围之大，令所有目睹的人感到极度吃惊。大量的冰尘洞、古老的冰层，透露出北极大环境的温热程度。

浮尘与煤烟再混合上一些微生物的话，它们将为冰消雪融推波助澜。这些物质是吸收太阳辐射的良好介质，冰雪的反照率由此降低。冰雪不断蓄热，融化自然"事半功倍"。长此以往，热量源源不断地向四周辐射，整个星球将

黑冰是地球生态系统对全球变暖的反应之一

变得愈加"温暖"。

而这只是北极地区工业污染的"冰山一角"。极地酷寒不能隔绝一切，在地球其他地方出现的污染，这里一样也不少。除了少量当地工业、采矿业和人类居住所造成的污染，这里的大多数污染都是从北半球发达地区传来的，空气和水是这种"跨境污染"的主要运输媒介。

当然，在北极水域，还有一个隐形污染源同样不可小觑——北极航线上的游轮。这些大型船只是重度"燃油机器"，会为北极地区带来各种风险，如石油泄漏、黑炭排放等各种污染环境的事故。

冰反照率示意图：覆盖地球顶部和底部的大片极地冰反射了大量落在地球表面的太阳辐射，煤烟会降低这种反照率（或者说反射率），而冰会保留更多的热量，导致融化加剧

环·保·小·贴·士

蚂蚱跳效应

极地并非净土，这是触目惊心的事实。在科学家发现这一事实的过程中，诞生了所谓的"蚂蚱跳效应"。这是指挥发性有机污染物在全球迁移的过程中，它们在受热时会蒸发，进入大气，随着大气环流向两极地区运输。当到达寒冷的区域，它们就会随着降雪沉降到地表。

极地噩梦

石油泄漏是世界各大海域的"噩梦"，北极附近也曾陷入这种"噩梦"之中。

凡是与石油相关的环节，勘探开采、运输乃至燃油都可能引发环境污染。某些石油公司在勘探海底油气资源时，会采用所谓的"地震爆破"——利用高功率气枪向海底"射击"，以收集回声数据，进而判断油气资源的储藏位置。这种方式十分快捷，但高分贝噪声会严重干扰海洋生物的正常生活，给它们带来一定的生存危机。

相比之下，石油泄漏对海洋生物及海洋环境的危害就更大了。成品油的危害远大于原油，影响也更加持久，因为成品油和它的分解物中含有大量对生物体有毒的成分。1989 年，美国阿拉斯加附近水域发生了一次严重的石油泄漏事件。这次事件，让人们意识到低温、封闭水域的石油污染所带来的危害更加可怕。该事件杀死了 25 万只海鸟、

900 只秃鹰、2800 只海獭、300 只海豹、23 条鲸鱼以及不计其数的鱼。

如今，阿拉斯加水域石油污染事件早已烟消云散，当地的海洋生物家族也逐渐兴旺起来，但当地海滩下仍然还能见到当初的油污。

1989 年，美国阿拉斯加附近水域发生的石油泄漏事件最后演变成一场生态灾难

白色垃圾早已侵占了世界的每一个角落，极地也未能幸免。北极冰川中早已发现了高浓度的微塑料颗粒，它们多半是顺着洋流来到北极的。人们推断，格陵兰海和巴伦支海不断累积的白色污染会使这

▍处理塑料废物和污染是一项全球性挑战，南极也不例外

里成为第六个"垃圾岛"。

此外，农药、重金属、放射性物质污染在极地也是屡见不鲜。极地冰芯中的铅等物质的含量早已透露出北极所遭受工业污染的程度之深。虽然一些剧毒的物质早已被禁止使用，但那些刚刚进入市场的化学物质会对极地产生哪些影响，人们还不得而知。如何解决北极的工业污染问题，人们迫切地需要一个甚至多个合理的解决方案。

说北极被白色垃圾攻陷，南极也未能"独善其身"。据"绿色和平组织"的一份报告显示：南极大陆偏远地区的积雪中也出现了微塑料的身影，甚至还有持久性危险化学品。再不处理白色垃圾，整个地球都要被它"吞噬一空"了。

地球有话说

食物链危机

北极被"污染"的阴云笼罩，人类为这些触目惊心的景象扼腕叹息，因此产生的危害却早已流布四方，而动物是第一批"受害者"。

动物要生存，第一要务就是"吃"。但当周围环境充满了污染时，动物的食物就变成了"毒物"。生物界存在着"食物链"现象。"毒物"会顺着"食物链"一层层地向上级"消费者"传递——越是高级的动物，体内积存的有毒物质就越多。像北极熊或是鲸鱼这类北极食物链中的"王者"，它们体内的毒物也是最多的。

各种化学物质，如杀虫剂、工业溶剂或是清洁剂等一旦进入动物体内，就会立即

▌饥饿的北极熊在有毒垃圾中觅食

"寄生"在它们的脂肪组织内。当动物们需要分解脂肪提供能量时，这些"毒物"的威力就开始显现。它们随着血液进入全身各处，损害动物的大脑、肝脏以及肾脏等多个器官。当动物繁育后代时，这些毒物也会从母体传入新生一代。中了"毒"的动物所产下的后代通常是幼小、羸弱的，这会大大影响整个族群的繁衍和存活。

20世纪80年代，科学家在欧洲西北地区调查时发现，有将近2万只斑海豹成批死亡。造成它们死亡的表面原因是麻疹病毒，但深层原因则是体内的污染物"瓦解"了斑海豹体内的免疫系统，这使得它们在遭受病毒袭击时完全失去了抵御能力。

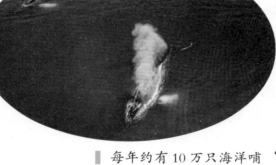

■ 每年约有10万只海洋哺乳动物、海龟以及100万只海鸟因海洋塑料的直接影响而死亡。北极的鲸鱼也不例外

■ 一头鲸鱼因100千克的海洋垃圾搁浅而死。科学家已经在搁浅的鲸鱼和海豚身上追踪到了人类最新的塑料和化学毒素

斑海豹的遭遇并非个例，鸟类、鲸类乃至北极熊都在承受着环境污染带来的苦痛。北极鲸类因为体内污染物大量聚集，癌症、传染病等病症的发病率居高不下。

北极的环境看似蛮荒，但实际上非常脆弱。这里演化出的"食物链"同样非常简单，其中任何一环出了问题，很快就会影响到整体；而要恢复原状，则是难上加难。

大量斑海豹死亡，11种海豹险些灭绝

环保小·贴士

环境压力

北极的野生动物面临着巨大的环境压力：一方面是它们本身所处的紧张、焦虑的氛围，比如找不到足够的食物、时刻小心躲避天敌、漫长的冬季等等都会令它们感到紧张。但日渐升高的温度，以及满是有毒物质的环境才是它们最大的压力源。这会导致生物繁殖成功率大打折扣，还会降低物种多样性的程度。

过度捕捞

除了工业污染，人类的过度捕捞也是破坏极地食物链的一大"推手"。在这方面，北极和南极正面临同样的"危机"。北极和南极渔业资源极其丰富，人类为了满足一己私欲，出动大型商业捕鱼船，大肆捕捞。时间久了，单位时间渔获量和捕鱼总量同时下降，过度捕捞时代来临。渔业出现"断档"，人们无鱼可捕。与此同时，可以繁育后代的鱼也大大减少，"母代"鱼少了，"子代"自然更少，导致整个物种的延续都成了问题。

过去北大西洋鳕鱼家族就曾遭受过整个家族灭绝的惨痛经历。但不幸的是，鳕鱼家族灭绝的教训并没有警醒人类。他们将目光转向其他鱼类，那些不太好吃、没有经济价值的鱼类反而成了人们的新目标。这样一来，任何一个鱼群都有种群灭亡的风险了。

地球有话说

小·船捕鱼的时代是鳕鱼家族比较"幸福"的时刻。那时候海面上只有零零星星的几艘或几十艘小·船游弋、捕猎。鳕鱼家族也不会损失太多成员；但到了大型商业化捕捞时代，鳕鱼家族几乎绝迹。不过在加拿大实施了多年的鳕鱼禁捕令后，鳕鱼家族总算走上了缓慢恢复的历程。

整个 20 世纪，"南极捕鲸"以其血腥、残忍而遭到人们的口诛笔伐，在法律的明令禁止下，"捕鲸"公司终于有所收敛，令鲸群有了"喘息"的机会。但现在，南极的鲸类仍不好过。因为它们开始饿肚子了——人类的过度捕捞导致食物匮乏。

▎北极的捕捞船

　　磷虾是南极的特产，也是南极生物圈的"基石"——约6.5亿吨的南极磷虾供养着南极水域中的各种海洋生物。鲸鱼也要依靠它们的"供养"。但自从人类开始捕捞磷虾，整个磷虾家族数量锐减，这在南极生物圈内引发了一系列连锁反应。磷虾的减少对整个极地渔业以及对于它们的上级"消费者"来说都是致命的打击。海洋生物因为饥饿而垂死挣扎，而某些鸟儿甚至冲进人类的渔网中捕食，结果被渔网缠住而丢失性命。

　　食物链的"断裂"或是其他危机所引发的后果最终还是要人类来承担。因此，人类必须尽快想办法，保护极地"食物链"的完整，这也是保护生物多样性的要求。

▎日本渔民在南极的捕鲸船作业中

拯救纯白

尊重南极

　　人类早已进入宇宙探索时代，但这并不意味着我们对地球家园了如指掌。实际上，我们对于两极地区的了解并不全面。可笑的是，在人类刚刚踏入南极没多久时，一些国家就产生了"瓜分"南极的想法，甚至一度想将南极列为军事区。除了军事目的，南极地区丰富的矿产资源也令人跃跃欲试。好在随着人类对南极的了解，特别是在日益严峻的污染面前，各国终于意识到南极是全人类的南极，而南极的环境事关全人类的福祉，进而开始了对南极的保护工作。

　　《南极条约》是国际上最重要的南极保护文件。这份条约的签署与在1957—1958年的国际地球物理年中所实行的科学调查有着千丝万缕的联系。那是有史以来规模最大的极地科学考察活动，人们意识到在科学考察的时代背景下，"和平利用南极"

《南极条约》签订的场景

141

才是人类最明智的选择。于是,《南极条约》应运而生。

《南极条约》于1961年正式生效,到现在为止已有近50个国家签署了该条约。《南极条约》管理的范围包含了南纬60°以南的全部区域,包括大陆和冰川等等。这份条约中最重要的规定是尊重南极,它不属于任何一个国家。这里是各国进行科学研究的场所,仅用于和平目的,禁止军事活动,禁止核爆炸及处理放射性物质,同时禁止在南极大陆开采矿产资源(50年内),一切以保障南极生命和环境安全为前提。

随着南极各项环境问题的暴露,人们又在《南极条约》的基础上相继制定了《南极海豹保护公约》《南极海洋生物资源养护公约》《南极矿物资源活动管理条约》《关于环境保护的南极条约议定书》等各个专项保护条约,为南极的生命或物产提供了更加明确的保护措施。这一系列"公约"构成了《南极条约》体系。未来,人类或许还会出台新的条约或规定,让南极的纯白世界免于"黑色荼毒"是人类的共识。只有这样,我们才能在条件更成熟的情况下以更科学合理的方式开发和利用南极。

▌在联合国的倡导下,全球对气候变化问题达成了共识。越来越多的国家加入到守护南极的队伍中来

南极大陆的主
人——企鹅

冰下湖泊的污染

　　南极以其独特而严寒的环境成为科学的"国度"，也是众多科学家向往的天然"实验室"。虽然《南极条约》中规定了"南极冰川湖泊勘探行为守则"，但人们对南极的科学开采行为仍有所担心，谁也不能确定人类贸然的开采活动是否会破坏南极环境。

　　20世纪后半期，科学家在南极地区取得重大成果，发现南极冰盖之下的湖泊。其中最大的一片被命名为沃斯托克湖。这个湖泊藏在冰川下几千米的位置，有成百上千万年的历史了。这个消息被确定后，各国科学家欢欣鼓舞，他们猜测冰下湖中或许藏着上亿年前的秘密，或许那里还生存着古老的生物。但这一切都要通过钻探冰芯，并将探测设备深入湖水中才能得到答案。

　　于是，一场断断续续进行了半个世纪的勘探行动开始了。俄罗斯科学家多次使用冰川钻探设备探测冰下湖泊。虽然他们成功钻探到水面，但这个钻孔和下面的湖泊仍不可避免地受到了污染。污染来自钻头和钻孔四周的航空煤

▎美丽的沃斯托克湖

油、氟利昂以及沾染上的地表微生物和其他化学物质等。来自地表的污染使得这项计划的成果大打折扣。人们不得不进行更审慎的准备后再继续此项计划。

科学家在南极钻取的 2000 年前的冰芯也或多或少受到了污染

人类对南极冰盖以下的探测或许还会"激活"某些远古病毒，给人类带来未知的风险。

这也是人们争论的焦点之一。但眼下，人们似乎已经无暇顾及这些。因为南极正承受着另一种病毒的污染——蔓延全球的新型冠状病毒早已潜入南极。

"新冠"病毒是随着人员和货物的流动及运输进入南极的。随后，它在南极各个科学考察站中传播开来。好在绝大多数国家的科学考察人员都严格遵守防疫政策，不随意"串门"，局面很稳定。可未来呢？要是"新冠"病毒躲入冰川中，等全球变暖时，它们不就成定时炸弹了吗？

在大家的印象中，南极应该是一个冰雪覆盖的白色世界。但科学家研究发现，气候变化正在使南极由白变绿。随着全球变暖，南极苔藓正在占领那些冰川消退后的无冰陆地

在南极，人们都牢牢遵守某些保护南极的法规——比如不可以私自捕捉当地的动物或将外来物种带入南极，这些都是违法行为。可你知道吗？即使是一块石头、一小块苔藓也不能被带出南极，这也是违法的行为。

地球有话说

"可持续"的北极

北极与南极天各一方，它们的历史和地理环境也大不相同。北极拥有原住民，同时被8个国家所环绕。北极邻近发达工业区又是资源重地，石油、煤炭以及各种资源的开采与冶炼活动由来已久。而随着北极的日益开放，进入北极的科学考察团以及游客不断增加。这些因素交织起来，使得北极早已陷入污染的困境之中。

北极周边国家当然早已注意到环境污染危害，各国也制定了相应的北极保护法规，但在五花八门的法规中，最有名的要数《北极环境保护战略》。这是一项由环绕北极

1996年成立了北极理事会，该理事会签署了《渥太华宣言》

的 8 个国家共同签署的区域性法规，签署于 1991 年。到 1996 年，8 个国家又组成了一个政府间论坛——北极理事会。北极理事会的宗旨是保证北极地区环境、社会和经济的发展遵循可持续发展原则。到 2013 年，意大利、中国、印度、日本等热心北极事业的国家成为北极理事会的正式观察员国家。

在北极理事会的组织下，北极监督与评估计划工作组、北极动植物保护工作组、北极海洋环境保护工作组、可持续发展工作组，突发事件预防、准备和处理工作组相继建立起来。它们发挥各自的专长，在北极地区的污染物处理、动物保护、生物多样性以及改善北极地区居民的生存条件等方面发挥着积

▍北极理事会成员国国旗

ARCTIC COUNCIL

北极理事会的标志

极的作用。近年来，北极理事会专注于"消除北极污染"以及"评估北极气候的影响"两项内容。而其所取得的成果将惠及北极地区居民乃至人类整体。

我们国家是"近北极"国家，也是北极事业的积极参与国，"认识北极，保护北极，治理北极"是我们的目标。在处理北极事务时，我们坚持"尊重、合作、共赢、可持续"的基本原则，正在用科学的力量，积极参与并改善北极的环境问题。

当污染危及全人类时，不管世界各国之间存在着哪些政治差异，"环保"都是全世界共同的语言。极地保护需要各国共同参与，成果自然也由人类共享。

环保小·贴士

北极雷暴

北极是一个寒冷的地方，就算是夏季，这里也几乎不会出现电闪雷鸣的现象。可在过去的十年间，北极却频遭雷暴"访问"。北极上空的水分越聚越多，这是诱发高温和雷暴天气的导火索。这似乎也在预示着，北极地区正在形成新的气候——地球环境将变得更糟。

面向未来

极地距离我们的生活环境非常遥远。表面来看，那里的环境污染似乎远在天边，但别忘了气候是全球性的，全球变暖、极端气候等问题给我们带来的危害早已"近在眼前"。而追究起来，两极地区的环境问题大多是人类特别是低纬度地区人们的行为和生活方式所造成的。那么，两极地区环境的治理问题，特别是全球变暖等问题自然要从我们身边入手。

我们国家十分重视两极的保护问题，首先从立法方面就承担起对两极的保护责任。比如 2018 年颁布的《南极活动环境保护管理

2016 年 4 月 22 日，包括中、美在内的 178 个国家在纽约联合国总部签署了《巴黎协定》。11 月 4 日，该协定正式生效

Paris, France

DIRECTEUR　　PRESIDENCE DE LA COP　　SECRETAIRE EXECUTIVE CCNUCC　　PRESIDENT

规定》，便对中国人在南极的各项活动做出了明确的规范。在应对全球变暖方面，我们国家积极履行《巴黎协定》的承诺，植树造林、节能减排，大力发展新能源，不断降低碳排放量，实现"碳达峰""碳中和"的既定目标，坚决走绿色发展之路。目前，我们已经取得了国际公认的效果。

那么，对于青少年来说，我们该怎样做才能为保护两极尽一份力呢？方法其实有很多。

我们可以从生活小事做起。比如"低碳"出行，步行、骑自行车或是乘坐公共交通工具等方式能最大限度地减少能源的排放，减少个人对环境的负面影响；自觉节约，电器不用时，将插头拔掉，彻底断电；尽量将空调等制冷设备调至合理温度，降低耗电；日常选用节能型产品、可循

只有改变我们的生活方式，减少温室气体的排放，才能从根本上对极地进行保护

环使用的产品以节约能源，或减少塑料包装的使用；选用有机蔬菜，以降低农药等化学品的使用；坚决执行"垃圾分类"计划，对于那些危险废品，更要遵照当地卫生部门的要求进行处理，不得随意丢弃。

如果每个人都能养成爱护环境的习惯，以"环保"为出发点，那么环境问题也没有那么可怕。我们身边的每一个小小细节，都是对两极地区长久的保护，而保护极地，也就是在保护人类的未来。

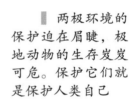

两极环境的保护迫在眉睫，极地动物的生存岌岌可危。保护它们就是保护人类自己

地球有话说

留心观察、积极实践，生活处处有"环保"的学问。参加一些力所能及的公益活动，比如植树，也是一种极为有效的"环保"行动，又能为"国土绿化"出一份力。你还能说出哪些"环保"活动呢？请你开动脑筋想一想吧！